DÉCOR PAR LA PLANTE

L'ORNEMENT ET LA VÉGÉTATION

THÉORIE DÉCORATIVE et APPLICATION ORNEMENTALE

L'ÉDUCATION
MANUELLE

BIBLIOTHÈQUE

LA SCIENCE
ET LA VIE

PARIS
ERNEST FLAMMARION, ÉDITEUR, 26, RUE RACINE

DÉCOR-PLANTE.   1

Décor par la Plante

LA FORME DES VASES EMPRUNTÉE A LA PLANTE

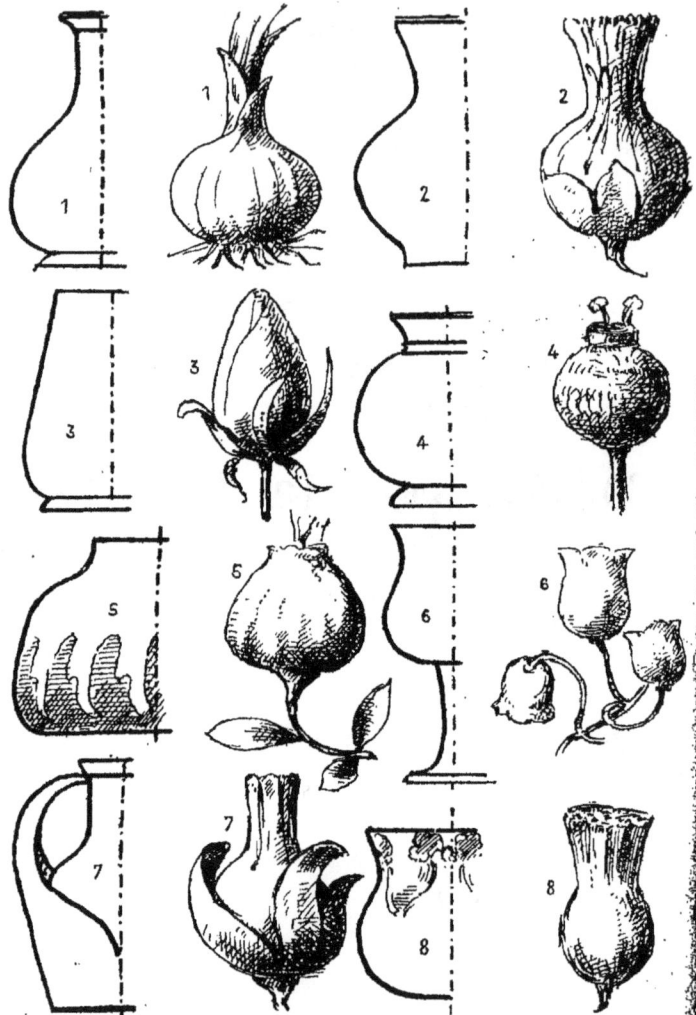

PROFILS DE VASES. — PROFILS DE PLANTES.

1. Oignon. — 2. Pissenlit. — 3. Rose. — 4. Gaillet. — 5. Myrtille.
6. Campanule. — 7. Calice et sépales. — 8. Pissenlit.

ALFRED KELLER

Le
Décor par la Plante

L'ORNEMENT ET LA VÉGÉTATION

Théorie décorative et Applications industrielles

685 CROQUIS OU DESSINS EXÉCUTÉS PAR L'AUTEUR

PARIS
ERNEST FLAMMARION, ÉDITEUR
26, Rue Racine, 26

CE VOLUME
EST PRÉCÉDÉ D'UN SOMMAIRE ANALYTIQUE
IL EST TERMINÉ
PAR UNE CLASSIFICATION GÉNÉRALE COMPRENANT
1 LES NOMS DES FAMILLES ET DES ESPÈCES MENTIONNÉES
2° LES MOTS TECHNIQUES EMPLOYÉS
3° LES DESSINS ET CROQUIS REPRODUITS
ET PAR UNE TABLE GÉNÉRALE

Les dessins sont, en général, réduits aux 4/5° de la vraie dimension
des plantes représentées.

POUR LA DIRECTION ET LA RÉDACTION
DE LA
BIBLIOTHÈQUE DES ARTS APPLIQUÉS AUX MÉTIERS
S'ADRESSER A
M. ROUVEYRE, RUE DE SEINE, 76, PARIS

Fig. 2. — Disposition symétrique. — Motif de bordure.

SOMMAIRE ANALYTIQUE

—

EMPLOI DES ÉLÉMENTS FLORAUX.

Originalité de la plante. — Publications artistiques, publications scientifiques. — Il faut savoir copier la plante. — Lois qui régissent la plante, lois du décor. — La botanique et l'organographie. — But de cette publication. .   Page 15

PREMIÈRE PARTIE

L'ORNEMENT ET LA VÉGÉTATION.

CHAPITRE I

L'ORNEMENT ET SES ORIGINES.

La plante. — Éléments divers dont se sert le dessinateur. Les styles. — Variété de végétaux. — La géométrie. Page 19

CHAPITRE II

LA PLANTE, SON ÉTUDE SCIENTIFIQUE.

Organographie. — Les tissus, cellules, stomates et utricules. — Applications décoratives diverses . . . .   Page 29

CHAPITRE III

NUTRITION DE LA PLANTE.

Organes de la plante. — Racines, tiges, feuilles, fleurs, fruits. — La souche. — Le collet vital. — Leur application décorative. . . . . Page 35

CHAPITRE IV

RAMIFICATIONS.

La tige. — Le tronc. — Le chaume. — Le stipe. — Tige simple et composée. — Sections de la tige. — Emploi décoratif. — Ramifications alternes, opposées, en verticilles. — Les enroulements, courbes de sentiment . . . . Page 43

CHAPITRE V

BOURGEONS.

Les bourgeons, bulbes et bulbilles. — Oignon. — Le bourgeon en hiver, son développement. — Le bourgeon terminal, les bourgeons latéraux. — Beauté des arbres des forêts. — Les plantes herbacées. — Les stolons. — Les gourmands. — Les coulants. — Les chatons . . . . Page 55

CHAPITRE VI

LA FEUILLE.

Les feuilles. — Le pétiole et les nervures. — Le limbe. — La nervation. — Saillies de la feuille, son ornementation. — Position des feuilles sur la tige. — Formes des feuilles, orbiculaires, lancéolées, elliptiques, ovales, anguleuses, cordiformes, hastées, échancrées, dentées, incisées, épineuses, etc. — Feuilles simples et composées. — Diversité des formes. — Feuilles mortes. . . . . Page 65

CHAPITRE VII

LA TIGE ET LES FEUILLES.

Disposition du feuillage sur la tige. — Alternes opposées, verticillées. — Mouvement en spirale sur la tige. — Accessoires, les stipules, les vrilles, les griffes. — Questions diverses de nutrition, d'absorption des fluides, etc., et applications décoratives . . . . Page 85

CHAPITRE VIII

LA FLEUR, REPRODUCTION DE LA PLANTE.

Enveloppes protectrices de la fleur. — Le gynécée. — L'androcée. — Le pédoncule. — Disposition des éléments floraux. — Stolons, bulbes et boutures. — Verticilles de la fleur . . . . Page 95

CHAPITRE IX

INFLORESCENCES.

Disposition de la fleur sur la tige. — Inflorescences définies et indéfinies. — L'épi, le chaton, le spadice, le cône, le capitule, le panicule, le thyrse, le corymbe, l'ombelle, la cime. — Pédoncule bractées et préfloraison. — Réceptacle de la fleur . . . . Page 103

CHAPITRE X

ENVELOPPES FLORALES.

Calice et corolle, le périanthe. — Le calice et les sépales, leur nombre, leur forme. — La corolle et les pétales, leur nombre. — Formes diverses de la corolle . . . . Page 113

CHAPITRE XI

ORGANES DE LA FÉCONDATION.

L'androcée et les étamines, leur nombre. — L'anthère, le pollen. — Le gynécée et les carpelles, le pistil, l'ovaire, le style, le stigmate, le disque . . . . Page 125

CHAPITRE XII

LE FRUIT.

La fleur se fane, le fruit se forme. — Diverses sortes de fruits. — Partie constituant le fruit. — Le péricarpe et les graines. — Le fruit comestible. — Fruits à cloisons et à graines. — Déhiscence du fruit. — Classification des fruits, leur désignation. . . . . Page 137

CHAPITRE XIII

REPRODUCTION DE LA PLANTE.

Embryon et cotylédons. — Premier état de la plante. Périodes de formation. — La plante dicotylédonée, le haricot. — La plante monocotylédonée, le blé. — La plante acotylédonée. . . . . Page 153

SECONDE PARTIE

Théorie décorative et Applications ornementales.

CHAPITRE XIV

Le décor.

La composition décorative. — Le décor, son utilité. — Règles et lois de la décoration. — Variété des éléments décoratifs, la flore, la faune, la figure, les lignes, etc. — La surface plane et le relief. — La méthode artistique, dessin par taches, dessin par structure, le mouvement . . . . . . Page 163

CHAPITRE XV

La nature et la géométrie.

Régularité de la nature. — La géométrie, son emploi. — Éléments linéaires, courbes de sentiment, division de la surface, répétition du motif décoratif. . . . . Page 169

CHAPITRE XVI

Le décor appliqué.

Décoration plate ou en relief, les bordures. — La bordure est une limite décorative. — Mouvement des lignes, bordures modernes, le pochoir. — La décoration de surface, condition d'exécution d'un décor de surface. — Objets en relief. — Le décor appliqué. — L'art moderne. — Influence de la nature. — Le modelé. — Valeur relative du relief. . . . . Page 177

CHAPITRE XVII

Règles de la composition.

Comment on doit dessiner la plante. — Qualités exigées d'une bonne ornementation. — Le sens dominant. — Le mouvement. — L'ornement suit les conditions imposées par la nature. — Choix des éléments floraux. — La plante dessinée. — Variété de la plante à ses divers moments. — Moyens de se documenter . . . . Page 195

CHAPITRE XVIII

LA SYMÉTRIE.

Lois ornementales. — La symétrie. — Règles de l'ornementation. — Sens du mot symétrie. — La symétrie est une des lois de la nature. — Unité de conception. — La symétrie et les styles . . . . Page 205

CHAPITRE XIX

LE RAYONNEMENT.

Les styles et la nature l'utilisent. — Diverses dispositions. — Divisions du cercle en parties rayonnantes. — Applications aux arts . . . . Page 211

CHAPITRE XX

LA RÉPÉTITION ET L'ALTERNANCE.

La forme à décorer impose ses conditions. — Disposition des motifs répétés. — Leur application décorative. — Emploi de l'alternance dans le décor . . . . Page 224

CHAPITRE XXI

CONTRASTE ET COLORATION.

L'accident. — Les couleurs. — Motifs isolés. — L'axe. — La stabilité. — Divers modes de représentation de la plante. Page 235

CHAPITRE XXII

LA MATIÈRE EMPLOYÉE.

La technique dans le décor. — La saillie. — Matériaux divers. — Le dessin doit répondre à sa destination. — Les étoffes. — Le papier. — Les tapisseries. — Les cuirs. — Les dentelles. — Les broderies. — Les étoffes d'habillement. — Le vitrail. — La verrerie. — La porcelaine. — La faïence. — Le grès. — Le bois. — La pierre. — Les métaux. — Le fer. — L'or. — La gravure. . . . . Page 240

CHAPITRE XXIII

LA PLANTE EMBLÉMATIQUE.

La tradition. — Le chêne. — Le laurier. — Le blé. — La vigne. — La rose. — Le lis. — La plante symbolique ou fan-

tastique. — Les blasons. — La fleur japonaise. — Le houblon.
— Le pommier. — Le lierre. — Significations historiques ou
politiques, symboliques et religieuses . . . . . . Page 274

CHAPITRE XXIV

Le style.

La nature. — Le génie de l'artiste. — Conditions d'inventions d'un dessin. — Les usages et la tradition. — Origine
des matériaux. — Le dessin fixe l'idée. — La facture. — Le
métier. — L'échelle. — La couleur. — Le relief. — La destination. . . . . Page 285

CHAPITRE XXV

L'ornementation dans les styles.

Évolution de l'ornementation. — La ligne, élément décoratif. — L'imitation de la nature. — Analogie des éléments
chez les différents peuples. — Apogée de l'ornementation
florale. . . . . Page 293

FIN DU SOMMAIRE ANALYTIQUE

Fig. 3. — Le chardon violet.

FIG. 4. — Eglantine. — Application décorative
pour le cuir ou la pyrogravure.

FIG. 5. — Anémone. Application à un motif de dentelle Chantilly.

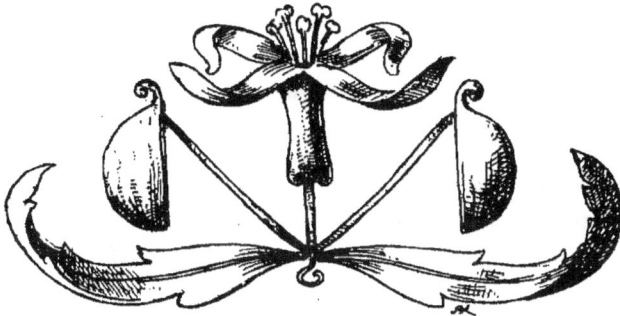

Fig. 6. — Fruit et fleur d'une ombellifère. — Déhiscence du fruit.

EMPLOI DES ÉLÉMENTS FLORAUX.

—

L'importance prise, depuis quelques années, par l'emploi des éléments floraux dans la réalisation des compositions ornementales, ne peut être niée par personne.

Une sorte de rénovation artistique, reflet des œuvres du passé, fait rechercher, dans la nature, tous les éléments nécessaires à l'exécution d'une œuvre bien conçue. Dans la plupart des cas, il en résulte une originalité profitable à l'artiste, mais due le plus souvent à la nature elle-même.

De nombreuses publications, luxueuses, coûteuses par conséquent, ont répandu et propagé partout le goût de la composition florale, mais elles reflètent, en général, le goût et le sentiment personnel de l'artiste.

Ce n'est pas impunément qu'on s'inspirerait de ces travaux : traduction de la nature, ils ont une originalité qui ne peut se renouveler car elle appartient au possesseur de la première idée.

Dans ces publications, il est à remarquer que l'artiste, le plus souvent, cherche à échapper aux conditions que lui imposent la science botanique. Il exagère, le caractère artistique, au détriment de la vérité et de l'exactitude.

Au contraire, le caractère scientifique des publications botaniques est affirmé jusqu'à la sécheresse. Le dessin scientifique est fort intéressant, mais il peut manquer de fidélité, lorsqu'il accuse certaines parties de la plante au détriment de la plante elle-même.

Un travail, tenant compte tout à la fois des données scientifiques indiquées par les savants et des règles artistiques imposées par le temps, les usages, les coutumes, répondant à toutes les exigences actuelles, devait être entrepris et publié. Pour trouver sa place partout, il devait être abordable à tous.

Répondant aux nombreuses conditions imposées par les programmes des divers examens, brevet supérieur, certificat de travail manuel, ou certificats de dessin, il permettait, en même temps, l'exécution des travaux féminins les plus simples et la réalisation de compositions ornementales, plus compliquées.

Il ne pouvait prétendre à servir de modèle, puisque la nature est la source de toutes les inventions, les dessins présentés ne pouvaient être que des exemples et des indications, facilitant l'emploi de la plante.

Ce travail devait la faire connaître, car il ne suffit pas de copier servilement une feuille, une fleur, pour en apprécier la beauté, il faut pénétrer plus à fond dans la nature et savoir suffisamment quelles sont les lois qui la régissent et les conditions de son existence.

C'est en s'appuyant sur la science botanique, d'une part, et sur les règles de la composition décorative, d'autre part, que ce livre a été rédigé.

Apprenant à identifier les éléments qui constituent les végétaux, le lecteur ne sera pas arrêté par une sèche nomenclature de mots, mais plutôt par l'idée des contours et des silhouettes, sur lesquelles il est nécessaire de mettre des noms. Le dessinateur plus apte en général à retenir l'idée des formes, ne conservera de cette science botanique que ce qu'il lui est indispensable de posséder, c'est-à-dire une anatomie succincte de la plante qu'on appelle l'*orga-nographie*. Elle est identique à l'anatomie artistique qui n'étudie que les parties superficielles du corps humain et qui rend tant de services à l'artiste.

Cette connaissance de l'aspect sera-t-elle suffisante, ne faudra-t-il pas connaître les conditions de la vie et du renouvellement du végétal? C'est chose si simple qu'on ne peut l'ignorer si l'on s'intéresse à la plante.

Lorsqu'on connaîtra toutes ces conditions, qu'on saura choisir dans cette immense variété d'éléments végétaux, les formes propres à une bonne ornementation, on sera dès lors capable de ne commettre aucune faute contre le bon goût, on aura acquis ainsi les qualités nécessaires à un artiste.

Il sera utile aussi de connaître les lois de la composition décorative. Elles sont fort simples en somme, connues de tous, mais entre la règle et son application, il y a un fossé où tombe forcément celui qui manque d'expérience.

C'est très succinctement que toutes les conditions de la

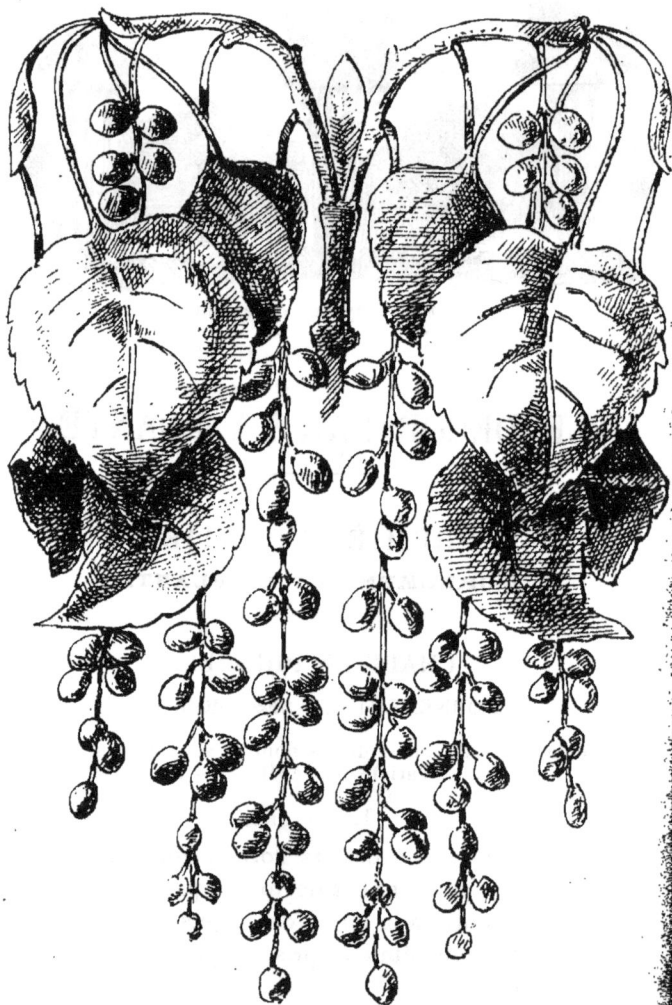

Fig. 9. — Peuplier. Fleurs et feuilles au printemps.
Disposition symétrique d'une branche terminale.

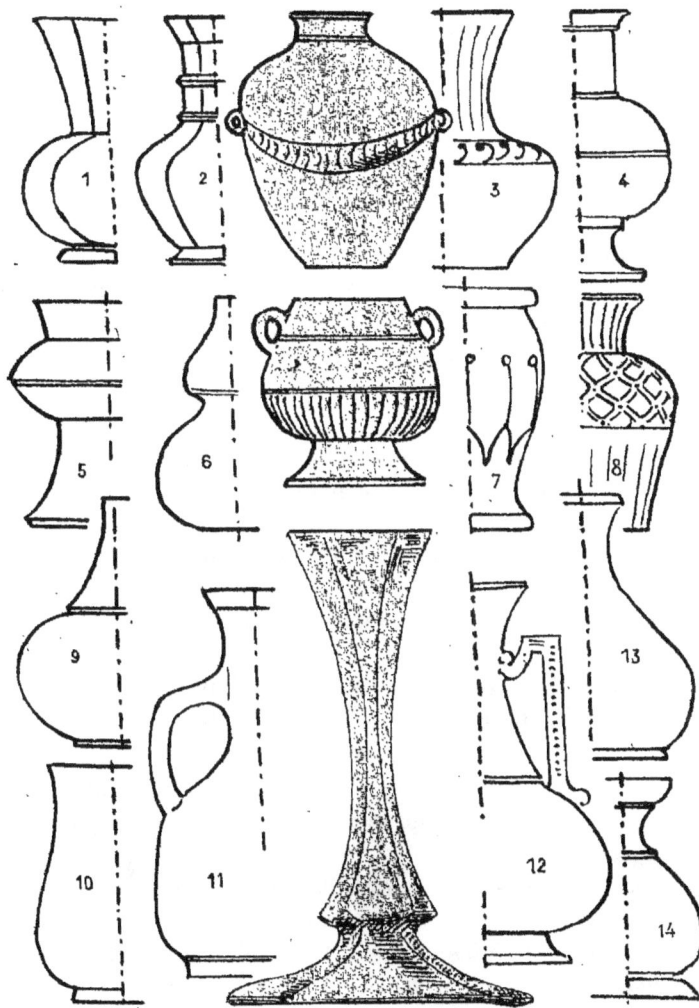

FIG. 10 à 25. — Divers motifs empruntés à la plante
et en particulier à la corolle.

permis de réaliser ses œuvres, il s'est forcément adressé à la nature pour trouver les formes dont il avait besoin.

ÉLÉMENTS DIVERS DONT SE SERT LE DESSINATEUR.

L'artiste a pu rechercher, il peut encore se servir des éléments divers, tels que les draperies, les cartouches, les vases, les courbes de sentiment, les moulures, les volutes, les flots, les imbrications, les festons et les franges, mais il revient forcément à la nature, source de toute ornementation.

Elle donne sans compter à celui qui sait voir, observer et choisir. C'est à la nature que le novateur s'adresse, il trouve chez elle des formes toujours nouvelles, toute ornementation en est la traduction.

A toutes les époques la plante a passionné les esprits, les premiers hommes, dans la fabrication de leurs ustensiles, introduisaient les formes de la nature (fig. 10 à 25).

Le premier botaniste était un homme sage, il étudie la plante qui lui permet d'inventer avec l'art de vivre, celui de guérir.

Saint Bernard ne voulait d'autres maîtres que les arbres des forêts. Bernard Palissy disait : « Je n'ai trouvé plus grande délection en ce monde, que d'avoir un jardin. »

L'homme qui a créé tant de sciences et tant de systèmes, lorsqu'il atteint la perfection, revient toujours à la nature.

S'imagine-t-on qu'une petite graine à peine visible tient en germe une plante entière qui, avec ses bourgeons, ses tiges, ses feuilles et ses fleurs deviendra une œuvre parfaite ! Tout dans la vie végétale est digne de servir de modèle (fig. 9).

On est frappé des procédés admirables que la nature emploie pour faire naître, vivre et reproduire une plante.

LES STYLES.

Certains styles ont négligé la plante pour ne se servir, comme les Arabes, que d'ornements de lignes, mais c'est l'exception.

Toutes les époques d'art se sont plus particulièrement servi de la plante. La traduction pour chaque peuple en est différente, mais elle est toujours comprise, connue et appréciée, reproduite suivant ses plus beaux aspects. Il y a lieu de remarquer que les plus belles époques de l'art ornemental, le Moyen Age et la Renaissance (fig. 27 à 29), par exemple, sont celles où les artistes se sont le plus rapprochés de la nature ; ils ont copié la plante avec une fidélité scrupuleuse.

VARIÉTÉ DES VÉGÉTAUX.

Le nombre des plantes est incroyable et cependant chaque espèce a son évolution propre, tantôt lente comme celle des arbres plus que séculaires, tantôt rapide comme celle d'une fleur qui ne vit que l'espace d'un matin.

Au milieu de tant d'espèces différentes, l'artiste ne doit pas seulement se contenter de cueillir et de dessiner un élément floral, il faut qu'il applique ce précepte de Béranger :

« Savoir choisir, là est le goût. »

Il faut qu'il sache disposer cette plante, il faut qu'il la transforme et qu'il applique aussi des règles de composition qu'on a désignées sous le nom de lois ornementales.

FIG. 26. — Fougère. Ensemble et divers détails du bourgeon.

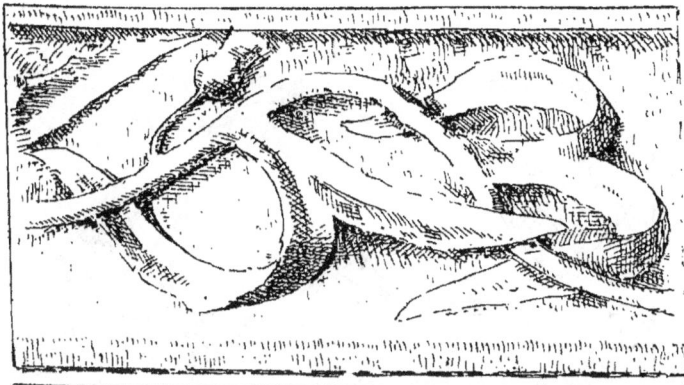

FIG. 27 à 29. — Stalles de la cathédrale d'Amiens.
Sculptures sur bois de Jean Turpin (XVe siècle).

FIG. 30. — Décor de fond.
Emploi du carré Feuille du roseau comme élément décoratif.

FIG. 31 à 39. — Transformations successives d'une feuille de lupin.
2. Fleurs et fruits du séneçon, divers états.

La géométrie.

Cette transformation de la plante en un motif décoratif est en principe basée sur l'emploi de la géométrie.

C'est un mot gros à prononcer, quand on parle d'art et de décoration florale, ces deux termes semblent s'opposer l'un à l'autre et cependant elle existe dans la nature elle-même, dans la forme des feuilles comme dans la forme des fleurs toujours si admirables par leur régularité.

Mais celui qui veut comprendre, sait que si la géométrie paraît aride, elle peut parfaitement disparaître, elle n'existe sous le dessin qu'à l'état latent. Dans toute ornementation bien comprise elle n'apparaît pour ainsi dire pas, mais elle donne une précision plus grande au dessin, fixe le parti décoratif, arrange avec plus de décision les éléments utilisés et apporte ainsi l'ordre, la mesure, la pondération et l'équilibre sous le décor qui la dissimule (fig. 30).

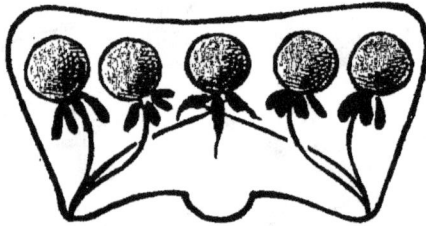

Fig. 40. — Arrangement symétrique de boules de symphorine.

FIG. 41. — Inflorescence de mauve sauvage.

CHAPITRE II

LA PLANTE. — SON ÉTUDE SCIENTIFIQUE

La plante, ses éléments, son étude scientifique.
La botanique. — L'*organographie*, tissus, stomates, utricules.

LA PLANTE.

Pour peu qu'on essaye d'analyser les différents éléments qui constituent à travers les styles les motifs ornementaux, on s'aperçoit aisément que le principe fondamental de toute ornementation réside dans la plante, qui, par son immense variété, est un champ toujours facile à exploiter, surtout si l'on sait accorder la préférence aux plantes communes indigènes, souvent plus jolies que la plante rare exotique.

La plante présente une grande variété non seulement dans son espèce, mais encore à ses divers moments, à l'époque de sa formation, lorsqu'elle est dans tout son éclat, au moment de sa consomption et même en hiver

FIG. 42. — Décoration d'un coffret arabe.
Métal incrusté et damasquiné.

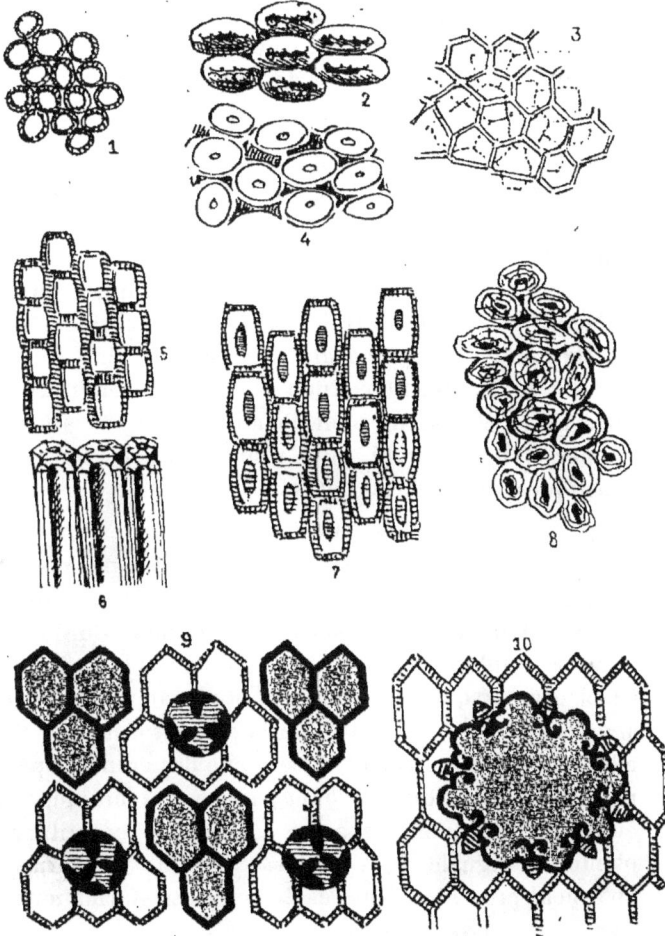

Fig. 43 à 52. — 1. Cellulaire. — 2. Longitudinal. — 3. Polyédrique. — 4. Interposé. — 5. Longitudinal. — 6. Dattier. — 7. Cellules à noyau. — 8. Utricules. — 9 et 10. Applications décoratives chinoises.

lorsqu'elle se repose. Elle est pourvue de tant d'éléments divers, elle offre tant de ressources au dessinateur qu'il ne peut manquer de profiter de tant d'avantages.

Son étude scientifique.

Si l'on veut tirer parti de la beauté de ses formes, si par intérêt pour elle, et pour le charme qu'on retire à la connaître, on la regarde de plus près, si on l'étudie sous tous ses aspects, si un intérêt scientifique s'ajoute à cette recherche, on n'imagine pas tous le profit qu'on en peut recueillir. Si l'on pénètre les secrets innombrables de la végétation, on comprend alors le grand intérêt qui s'attache à la plante. Son étude scientifique serait des plus attrayantes et comme pour l'anatomie du corps humain donnerait une netteté plus grande aux manifestations artistiques qu'elle ferait naître.

Organographie.

Comme pour l'anatomie humaine, il n'y a pas nécessité pour l'artiste d'aller au fond des choses, de diriger son esprit soit sur une classification scientifique ou de l'examiner aux différents points de vue auxquels le savant peut se placer lorsqu'il en fait une étude approfondie. Une simple anatomie descriptive de la plante suffit à l'artiste ; elle se limite à la connaissance d'une des branches principales de la botanique, l'*organographie*, qui fait plus particulièrement connaître chacun des organes constituant la plante, et signale dans la série végétale les variations qu'il peut présenter dans ses diverses transformations,

Tissus, cellules ou utricules.

L'organisation d'un végétal étudiée au microscope se montre composée de cellules à parois minces et diaphanes, extrêmement petites, de formes variables, dans lesquelles

1   *2*   *3*   *4*

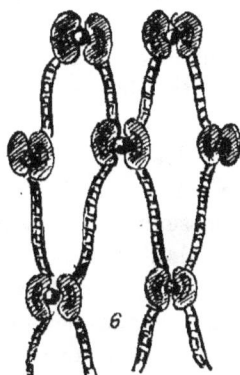

5   *6*   *7*

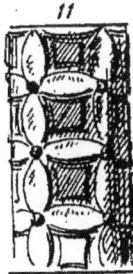

8   *9*   *10*   *11*

Fɪɢ. 53 à 63. — 1. Tissu vasculaire imbriqué. — 2. En faisceau. — 3. Scalariforme (en échelle). — 4. Hélicoïdal. — 5 et 7. Développement des faisceaux. — 6. Stomates. — 8, 9, 10, 11. Applications décoratives, Cathédrale de Saint-Denis (xɪɪᵉ siècle).

le dessinateur peut trouver une source d'ornements dont
la trame géométrique est facile à dégager. Les Japonais,
ne l'ont pas négligée (fig. 52 et 53). Les Arabes eux-mêmes,
dans l'exécution de leurs objets damasquinés en tirent le
plus brillant parti (fig. 43).

Les cellules ou utricules sont des plus variables; sphé-
riques souvent, elles finissent par s'écraser les unes contre
les autres, elles deviennent anguleuses et polyédriques, les
cavités ressemblent à des alvéoles d'une ruche d'abeilles.

En perdant leurs cloisons, ces cellules se transforment
en de véritables vaisseaux, sortes de tubes continus simples ou ramifiés, destinés à contenir les liquides comme
le chlorophylle. Le tissu ressemble à des tubes, à des tra-
chées, à des vaisseaux spiraux formés de spiricules en-
roulés en hélice, dont la disposition semble avoir reçu son
application décorative dans l'exécution des ornements des
fûts des colonnes romanes de Saint-Denis (fig. 61 à 63). Ces
vaisseaux affectent des formes d'une grande variété: *rayés,
fendus, ponctués* ou *scalariformes* (en échelle).

Une membrane celluleuse recouvre toutes les parties de
la plante exposées à l'action de l'air, c'est l'*épiderme*.
Elles sont percées de petites ouvertures d'une excessive
ténuité, appelées *stomates* (fig. 59).

FIG. 65. — Disposition symétrique. Motif de bordure.
(Souche et racines.)

CHAPITRE III

NUTRITION DE LA PLANTE.

Racines, tiges et feuilles. — Collet vital. — La souche
et les racines.

NUTRITION ET REPRODUCTION.

La vie de la plante se compose de deux fonctions générales : la nutrition et la reproduction. Tous les organes du
végétal concourent à l'une ou à l'autre de ces deux fonctions : les racines, la tige et les feuilles aident à la nutrition de la plante ; la fleur sert à sa reproduction.

Le végétal, dans les milieux où il vit, absorbe les fluides
nécessaires à son existence et à son développement ; cette
fonction est la *nutrition*.

Dans les végétaux inférieurs, champignons et lichens,
les tissus homogènes remplissent, pour chaque cellule,
les fonctions du végétal entier.

ORGANES DE LA PLANTE.

Dans les végétaux supérieurs, au contraire, les organes
sont subdivisés, chacun ayant une fonction qui lui est

particulière. Ils comprennent : 1° les racines; 2° les feuilles; 3° la tige.

Les *racines* enfoncées dans le sol vont y puiser les fluides et les font pénétrer dans la plante toute entière. Les *feuilles* ont une action semblable; elles éprouvent en outre diverses modifications qui leur permettent de fournir au végétal tout ce qui est nécessaire à son existence. La *tige* relie toutes les parties de la plante ; elle forme un axe aux deux extrémités duquel se trouvent placés les organes absorbant et élaborant le fluide nutritif qui est la sève. Il y a donc deux parties dans la plante, l'une supérieure ou aérienne, simple ou ramifiée portant sur la tige des feuilles, puis successivement des fleurs et des fruits ; l'autre inférieure et souterraine, rameuse ou tubériforme, c'est la souche de laquelle naissent toutes les autres parties de la plante.

LA SOUCHE ET LE COLLET VITAL.

La souche est très variable comme forme. Elle est *conique* (carotte) *fusiforme* allongée en forme de fuseau (rave, navet) *ovoïde, globuleuse, napiforme* en forme de toupie (radis), *droite contournée, tubéreuse,* en *tubercules* de formes variées (fig. 66 à 72).

Les tubercules souches renflées en corps ovoïde ont un tissu utriculaire rempli de fécule.

A différents points de leur surface des yeux permettent à des *bourgeons* de se produire et de se développer en tiges. Les souches tubériformes n'ont pas d'yeux ni de bourgeons à leur surface.

Les organes appendiculaires de la souche sont les *fibres radicales,* leur ensemble constitue la vraie racine, c'est l'organe qui aspire dans le sol les fluides nécessaires à la vie de la plante.

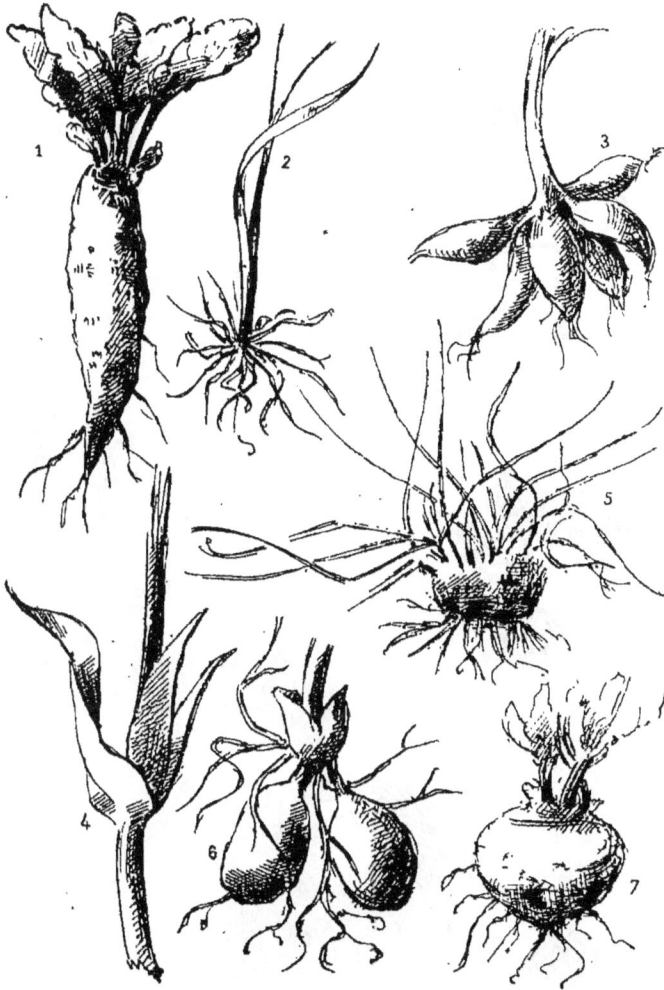

Fig. 66 à 72. — 1. Pivot. — 2. Racine fibreuse. — 3. Racine tubériforme. — 4. Rhizome. — 5. Globuleuse. — 6. Tubercules. — 7. Racine napiforme du radis.

FIG. 75 à 79. — Emploi de la racine comme motif décoratif
Velours frappé Renaissance.

Ces fibres naissent généralement de la partie souterraine de la racine. Quelquefois certaines plantes comme les lianes et les végétaux sarmenteux donnent naissance à des racines aériennes ou adventives qui naissent au-dessus du sol, comme le lierre et la vanille.

Les racines sont donc l'ensemble des fibres qui naissent à la partie souterraine de la plante, elles sont :

1° capillaires; 2° fibreuses; 3° tubériformes, suivant la nature de leurs fibres (fig. 66 à 72).

1° souterraines; 2° aquatiques; 3° aériennes, suivant que les fibres naissent dans la terre, dans l'eau, dans l'air.

Le *chevelu* est l'ensemble des fibres grêles de la racine.

Les deux parties inférieures ou supérieures sont séparées en un point, au niveau du sol, c'est le collet ou nœud vital.

La *souche* est la partie souterraine de la plante. En réalité on peut la considérer comme la continuation de la tige elle-même. Elle est cependant distincte bien qu'elle semble être un appendice de la tige qu'elle termine généralement avec des fibres tantôt grêles et déliées et plus rarement épaisses et charnues (fig. 66 à 72).

La souche peut être simple comme la carotte, la rave et le panais ou rameuse avec les branches plus ou moins filamenteuses qui constituent la *racine*.

Il y a souvent un rapport de proportion entre la souche et la tige aérienne, il y a équilibre entre elles en général. Il arrive cependant quelquefois que ce rapport n'existe pas particulièrement pour les grands arbres dont les racines sont très réduites (fig. 65). Certaines plantes herbacées au contraire ont des souches ou des racines démesurées (la luzerne, la réglisse).

La souche enfoncée perpendiculairement dans le sol est un *pivot* (plantes herbacées).

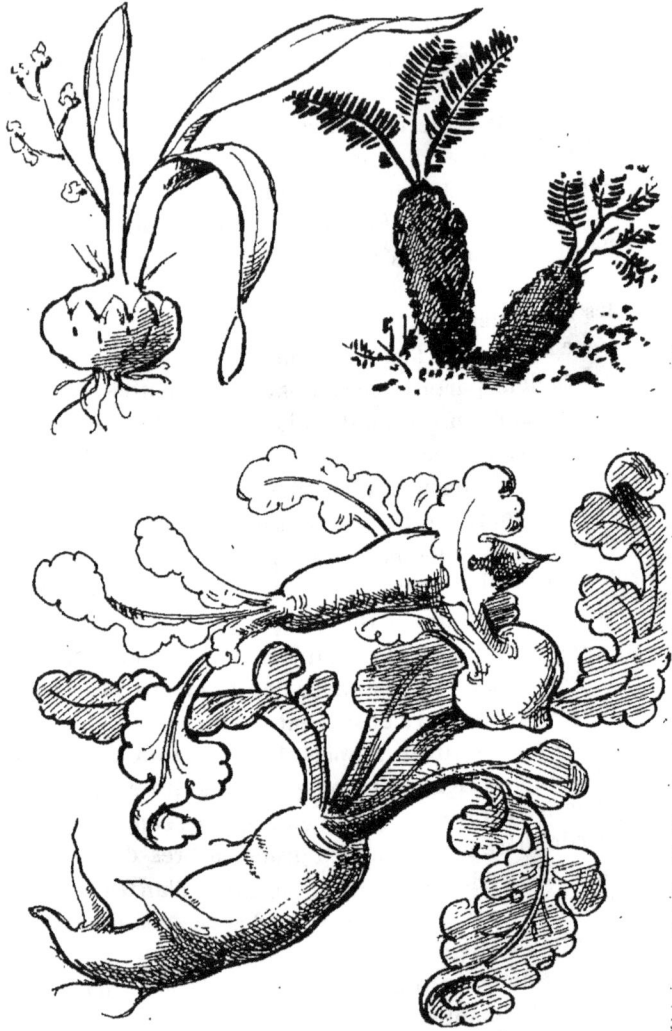

FIG. 80 à 82. — Racines. — Applications diverses à la décoration.
Dessins japonais.

Le *rhizome* rampe et s'étale horizontalement dans la terre comme l'iris et le sceau de Salomon qu'il est si difficile d'arracher du sol avec la racine.

LA RACINE, LA SOUCHE ET LE COLLET VITAL COMME ÉLÉMENT DÉCORATIF.

La racine, la souche et le collet vital sont des éléments dont il est nécessaire, dans la composition décorative, de tenir compte. Il est en effet souvent difficile de donner à un ornement un point de départ initial. Le collet permet de séparer les parties des ornements, laissant aux enroulements inférieurs l'aspect de la racine, donnant aux parties supérieures l'aspect simple ou ramifié de la plante. Les étoffes de la Renaissance, les velours frappés d'Utrecht ont très élégamment reproduit ce détail ornemental (fig. 75 à 79).

Les Japonais utilisent la racine. Malgré la lourdeur de cet élément ils savent par la souplesse de leur dessin, le rendre gracieux et décoratif. Il y a dans ces ornements une réelle originalité et un sentiment de la nature digne d'être imité (fig. 80 à 82).

Fig. 83. — Motif symétrique.

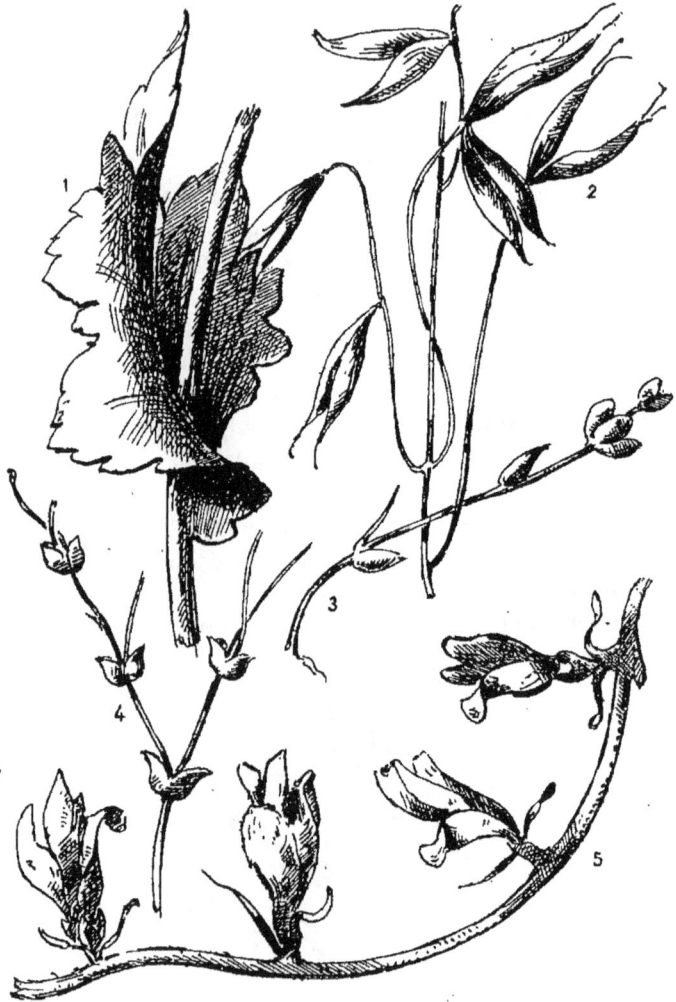

FIG. 84 à 88. — Tiges. — 1. Tige acaule (pavot). — 2. Chaume (avoine).
3. Tige filiforme (euphraise). — 4. Tige articulée. — 5. Tige volubile.

FIG. 89. — Le stolon.
Disposition décorative d'un plant de fraisier.

CHAPITRE IV

RAMIFICATIONS

Le tronc. — Chaume. — Tige simple et composée.
Sections de la tige.
Ramifications. — Courbes de sentiment.

DE LA TIGE.

La *tige* est la partie de la plante qui supporte les ramifications du feuillage. Elle existe toujours même dans les plantes *acaules* (sans tige) où cette tige est extrêmement courte (La dent de lion, le chardon, le pavot) (fig. 84).

La tige est *simple* (immortelle) ou *ramifiée* (mimosa) (fig. 90 et 91), elle est ligneuse et dure comme celle des arbres et des arbrisseaux ; ou herbacée c'est-à-dire simplement *fibreuse* et *charnue* comme celle des herbes ; pleine intérieurement, creuse ou *fistuleuse* comme le blé ou l'angélique.

Fig. 90 et 91. — 1. Tige simple (immortelle). — 2. Tige ramifiée (mimosa).

Le tronc. — Le stipe. — Le chaume.

Les tiges ont reçu les noms particuliers de *chaume*, de *tronc* et de *stipe*.

Le *chaume* est une tige herbacée ou ligneuse, simple et creuse avec des nœuds de distance en distance ou bien comprenant une longue gaîne embrassant la tige. Cette tige est particulière aux graminées (le blé, l'avoine et l'orge, fig. 85).

Le *tronc* est ligneux, conique composé intérieurement de bois disposé en couches concentriques et superposées.

Dans le *stipe* les feuilles disposées en faisceaux simples, ont une écorce en imbrications (le palmier) fig. 101. Suivant la consistance de la tige les végétaux peuvent être :

1° des herbes ; 2° des sous-arbrisseaux, tiges ligneuses, rameaux herbacés ; 3° des arbustes ; 4° des arbrisseaux ; 5° des arbres.

La forme de la tige est en général à peu près cylindrique, elle est aussi comprimée, triangulaire (carex) carrée ou quadrangulaire (labiées) et présente quelquefois un nombre d'angles et de faces plus nombreux. Aigus, ces angles sont acutangulés, obtus, obtusangulés.

La tige sarmenteuse ou ligneuse est souvent trop faible pour se soutenir elle-même. Elle s'élève et s'accroche au moyen d'appendices appelés *vrilles*, *crampons*, *volubiles* qui s'enroulent en forme de spirale autour des corps voisins ; il en sera parlé plus loin.

Tige simple et composée.

La tige est simple lorsqu'elle ne présente pas de ramification (immortelle) (fig. 90), rameuse avec des rameaux, (fig. 91), dichotome ou trichotome, si elle se divise par des bifurcations successives (mimosa).

La tige est généralement verticale, elle s'élève ainsi perpendiculairement au sol. Le poids l'entraînant elle peut devenir oblique et parfois horizontale.

Dans ce dernier cas elle est rampante et s'attache au sol ou au mur par des fibres qui naissent de tous les points de sa surface, comme le lierre, ou grimpe sur un support comme le chèvrefeuille et la clématite.

Elle est *stolonifère* ou *traçante* en donnant naissance à des rameaux qui se nomment gourmands, coulants ou stolons ils s'enracinent d'eux-mêmes de distance en distance, en pénétrant dans le sol (fig. 85).

SECTIONS DE LA TIGE.

Les sections à travers les tiges sont des plus curieuses, elles présentent des arrangements décoratifs tels que la fougère en arbre, où les contours sont semblables aux lignes chinoises. Les contours d'une tige de malpighiacée, profondément lobés sont extrêmement décoratifs (fig. 107).

Les divers dessins obtenus par la section des tiges ont un aspect digne d'intérêt. Les formes les plus délicates et les plus inattendues sont bien faites pour surprendre et pour montrer que dans ses moindres détails la plante est originale. Rondes, ovales, triangulaires ou hexagonales, allongées ou déprimées, elles peuvent donner lieu à des formes ornementales peu communes. La plupart des blasons chinois y ont trouvé leur forme et leur ornementation (fig. 110 à 113).

EMPLOI DÉCORATIF, RAMIFICATIONS.

La tige sert de trame à la composition décorative.

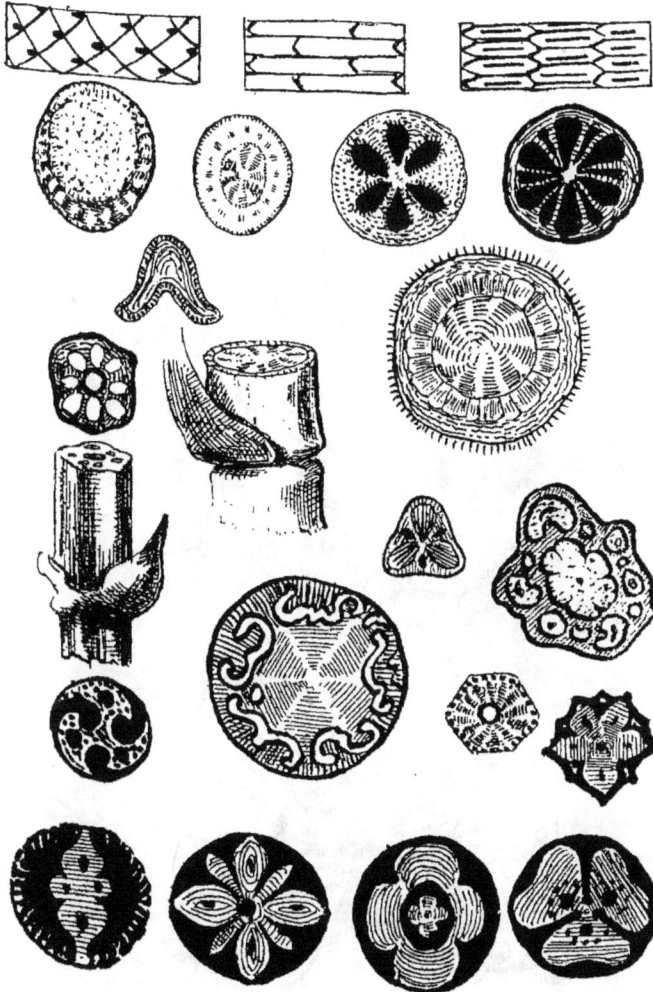

FIG. 92 à 113. — Tiges et faisceaux. — Course des faisceaux. — Diverses sections de la tige. — *Canna, Fumac, Salvia, Sapindacée, Fougères, Érable.* — Plantes dicotylédones. Blasons japonais.

Fig. 114 à 117. — Plantes marines de l'Ile Molène.

Elle indique les mouvements, détermine par des enroulements, les formes en volutes et crée pour ainsi dire, la
forme du rinceau. En même temps, elle affecte des dispositions dont le schéma peut paraître géométrique, mais
qu'on retrouve naturellement dans le branchement produit
par la réunion de la tige, des rameaux et des ramuscules.

Voici quelques-unes de ces dispositions, les branches
étant droites, convexes ou concaves autour de l'axe primaire (fig. 118 à 137).

Ces diverses ramifications, qut seraient droites en principe, subissent par suite du poids qu'elles supportent, des
modifications qui arrondissent les formes et leur donnent
une courbure, tantôt en dehors, tantôt en dedans. Parfois
même, ces courbures sont à double mouvement et déterminent ainsi des lignes en U ou en V.

Cette disposition se retrouve aussi dans les ramifications rayonnantes elles servent de trame géométrique à
des motifs basés sur la symétrie des formes.

Opposés ou alternes; verticillés ou rayonnants, ces
branchements se compliquent aussi de ramifications qui
étendent ainsi la trame d'un dessin et permettent de lui
donner la plus grande étendue, en utilisant les branches,
les rameaux et les ramuscules. C'est aussi sur cette disposition des branches sur la tige que se retrouve la disposition en spirale des plantes radicales qui n'ont pas de tige
apparente.

Le bois non chargé de feuilles se suffit parfois à lui-
même pour paraître décoratif. Les branches, dans leur
mouvement, ont une allure qui donne aux arbres en
hiver, un aspect plus décoratif qu'on ne le suppose
(fig. 138 à 142).

Les branches droites et allongées du peuplier font con-

traste avec les formes arrondies des vieux poiriers qui
répondent ainsi à cette grande loi de la nature, la variété.

Le mouvement des branches est très varié. Il est une
condition toutefois que la nature remplit toujours : la
branche suit une direction constante et jamais ne revient
en arrière prendre une position contraire.

LES ENROULEMENTS.

Dans les enroulements de la nature, le sens des courbes
est contrarié. Une branche va à droite, l'autre à gauche,
elles suivent leur mouvement jusqu'au bout. Ce serait commettre un grave non-sens dans la composition décorative
que de ne pas répondre à cette condition de la nature, et
c'est ainsi que dans toutes les compositions ornementales
des vases grecs, les lignes ont un mouvement constant
et contrarié (fig. 154, 155, 156).

LES COURBES DE SENTIMENT, LES RINCEAUX.

La courbe tend, lorsqu'elle n'a pas la souplesse d'une
tige volubile, à se rapprocher de la spirale. Ce mouvement est très accentué dans le myosotis, il est dû à la
disparition de certaines branches, qui s'atrophient sur
l'un des côtés de la tige. Parmi les quatre dispositions
principales indiquées par les figures 147, 148, 149 et 150,
deux répondent aux conditions imposées par la nature, la
première et la quatrième. Les deux autres sont plutôt des
dispositions dites de sentiment.

Il n'y a pas de disposition décorative qui ait été plus
utilisée que les motifs d'enroulement, connus sous le nom
de *rinceaux*.

Les Grecs les premiers, avec un art et une fertilité dans
les idées, qui ne le cédaient en rien à une technique

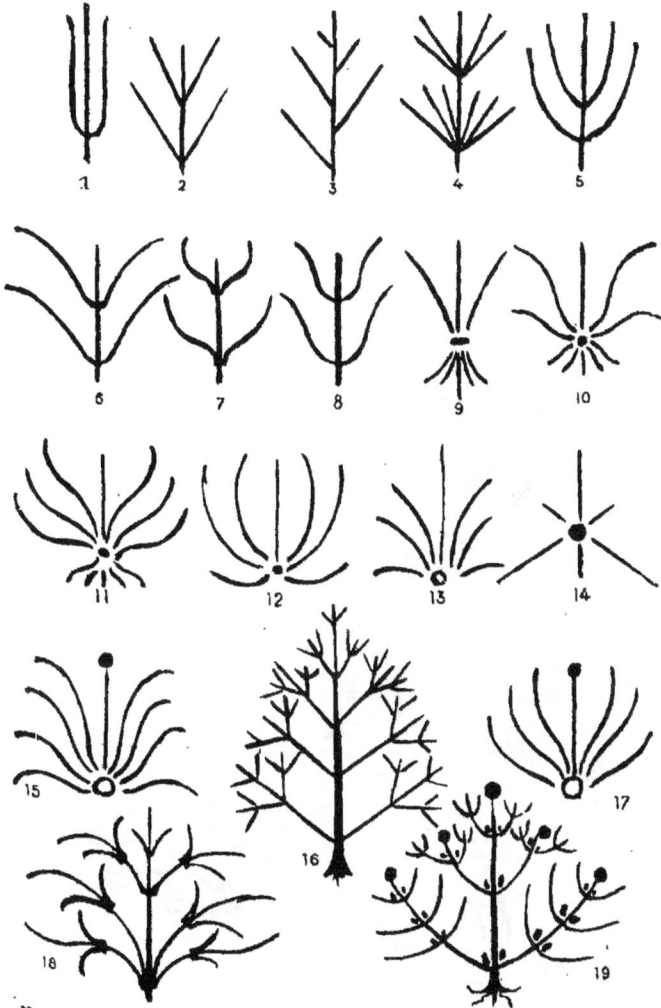

FIG. 148 à 157. — Disposition des branches sur la tige. — 1, 2. Opposées. — 3. Alterne. — 4. Verticille. — 5. Opposées en U. — 6. Opposées en V. — 7, 8. Double mouvement des courbes. — 9, 10, 11, 12, 13, 14, 15, 17. Rayonnantes. — 16, 18 et 19. Ramifications.

FIG. 138 à 142. — Disposition des branches sur la tige.
Applications décoratives.

habile, ont su appliquer cette disposition à la décoration
de leur magnifique céramique. Les Romains couvraient
de rinceaux, le marbre qu'ils creusaient profondément,
tous les styles ont trouvé de nombreuses dispositions
d'enroulement parmi lesquelles les ornementations du
moyen âge et de la Renaissance se signalent à l'attention
de l'artiste.

Peut-être n'est-il pas inutile de faire remarquer que la
ligne d'enroulement justifie la présence de tous les éléments floraux. Ceux-ci doivent prendre sa place, ils la
font pour ainsi dire disparaître, mais on doit sentir qu'elle
est au-dessous à sa place et qu'elle assure ainsi à la forme
décorative une raison d'être et un mouvement qui n'existe-
raient pas sans elle.

FIG. 143. — Lis jaune.

FIG. 144 à 156. — Lignes d'enroulement. — Enroulements. — Contrarié
Suivi. — Opposé. — Symétrique. — Motifs ornementaux.
✛ Une feuille ne pousse pas à l'envers.

FIG. 157. — Bourgeons d'érable.

CHAPITRE V

LES BOURGEONS

Bulbes et bulbilles (oignon). — Bourgeons terminal et latéraux. Les arbres. — Les herbacées. — Les stolons.

Sur la tige et sur les rameaux se trouvent placés des appendices en forme d'expansions membraneuses, verts au printemps, recouverts d'écailles qui la défendent contre le froid et l'humidité, en hiver. Ces appendices renferment des feuilles non épanouies ; ils constituent le *bourgeon*. Le bourgeon, grâce à sa forme gracieuse et toujours inattendue est, l'un des éléments les plus précieux de l'ornementation.

BULBES ET BULBILLES.

Sous le nom général de bourgeons, on comprend aussi le bulbe et les bulbilles.

Les bourgeons sont des corps ovoïdes, généralement

allongés ou pointus, couverts d'écailles imbriquées les unes sur les autres. A l'intérieur, une jeune pousse désignée sous le nom de *scion* en se développant, donne naissance à toute une branche.

Ces bourgeons naissent sur la tige et ses ramifications. C'est généralement à l'*aisselle*, dans l'angle formé par deux branches et dans la masse du tissu utriculaire qu'ils apparaissent. Ces bourgeons désignés sous le nom d'yeux se développent, leur volume augmente, à la fin de l'été, lorsque les feuilles sont tombées, les yeux deviennent successivement des boutons, puis des bourgeons et restent seuls sur la tige pour donner naissance au printemps suivant à de jeunes pousses.

Les bourgeons sont protégés par les écailles qui les garantissent contre toutes les intempéries. Suivant les climats, ces écailles sont plus ou moins fortes, dans des pays où les plantes ont à craindre les rigueurs de l'hiver, une sorte de résine les rend impénétrables à l'humidité et un duvet intérieur les protège contre le froid.

Les bourgeons suivant les essences, en se développant ne donnent naissance qu'à un scion avec feuilles, il est alors *foliifère*, sa forme est pointue. Dans certaines espèces, dans les arbres fruitiers en particulier, le bourgeon contient un bouquet de fleurs, il est dans ce cas *florifère*. On le reconnaît aisément à sa forme obtuse et ovoïde.

La position des feuilles dans le bourgeon est infiniment variée. L'une des plus décoratives est celle en crosse qu'affectent toutes les plantes de la famille des *fougères* (fig. 26).

Les jeunes pousses qui naissent de la souche rampante de certains végétaux prennent le nom de *turions*, exemples l'asperge, le sumac, l'acacia.

FIG. 158 à 163. — 1. Coupe d'un bourgeon. — 2. Lilas. — 3. Soyeux. 4. Peuplier. — 5. Poirier. — 6. Géranium.

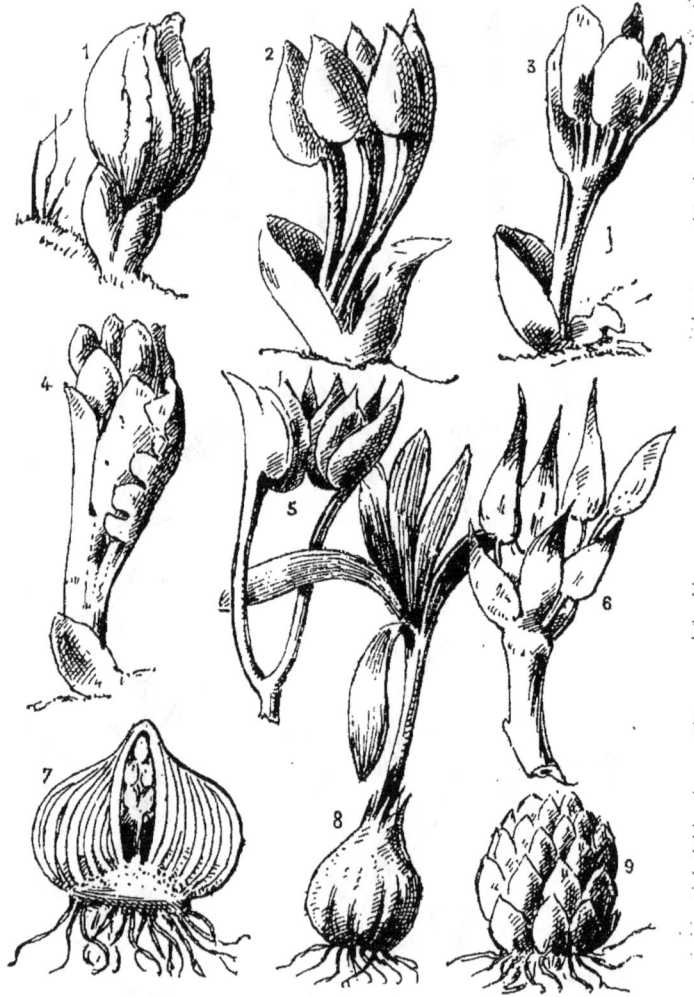

FIG. 164 à 170. — Bourgeons et oignons. 1, 2, 3, 4, 5. Pivoine.
6. Érable. — 7. Jacinthe. — 8. Colchique. — 9. Bulbe du lys.

Le bulbe ou oignon.

Le *bulbe* ou *oignon* représente une plante complète dans laquelle le bourgeon constitue la partie essentielle et la plus importante. Elle est formée de la *racine*, du *plateau*, des *écailles*, des feuilles et de la tige aérienne chargée de fleurs, la jacinthe (fig. 169).

Les bulbilles sont des espèces de bourgeons solides ou écailleux qui naissent sur différentes parties de la plante, qui peuvent s'en séparer et donner naissance à un végétal semblable à celui dont ils tirent leur origine.

Vie du bourgeon en hiver, son développement.

Le bourgeon est l'un des éléments que le dessinateur doit observer avec le plus d'intérêt. En naissant, au printemps, il contribue à donner à la plante le port et l'aspect général qui lui appartient. Les différentes phases par lesquelles passe le bourgeon sont intéressantes à noter et permettent de réunir une documentation florale des plus attrayantes.

Autant et plus que la feuille et la fleur, le bourgeon est un élément gracieux moins connu, moins observé, moins utilisé.

Il donne des formes imprévues où le mouvement s'accuse, où la symétrie s'affirme, où la ligne est ferme, nette et précise, c'est le printemps de la plante, c'est l'un de ses beaux moments.

C'est pendant la longue période de l'hiver, au moment où la plante est pour ainsi dire endormie, que le bourgeon se forme; bientôt il passera par d'autres phases. Au retour du printemps il prendra successivement tous les aspects. Attaché à l'arbre ou sortant du sol, il prendra tous les jours une forme nouvelle, une physionomie plus élégante, bien faite pour séduire. Son étude est intéressante elle doit donner, par la grande variété de ses formes, de nombreux éléments de décoration à l'artiste.

Le bourgeon de la pivoine, à quelques jours de distance, ne se ressemble plus (fig. 163 à 166), la plante se transforme vite lorsqu'elle passe par les différentes phases de son début.

Bourgeons terminal et latéraux.

Le bourgeon terminal et les bourgeons latéraux vont en se développant. Chaque nouveau rameau peut atteindre ainsi toute son ampleur. Il est toutefois curieux d'observer qu'un grand nombre de causes arrêtent la végétation de certains bourgeons et les font avorter. Il en résulte un dérangement dans la symétrie de la plante, elle acquiert plus de charme, il y a plus d'imprévu dans la disposition de ses rameaux, une régularité moins parfaite dans son aspect.

La sève qui tend à monter et à se répandre avec plus de force aux extrémités des branches, alimente moins les parties inférieures dont les feuilles tombent les premières. Les bourgeons moins nourris avortent aussi ou ne se développent qu'imparfaitement, c'est ainsi que la branche principale, le fût, acquiert plus d'importance, pour devenir souvent énorme.

Le bourgeon terminal recevant plus directement la sève devient plus gros et plus fort; il allonge la plante. Il influe beaucoup sur l'aspect qu'elle peut avoir, il la modifie non seulement dans la position et le nombre de ses branches, mais en lui imprimant, en outre, une direction en hauteur, il en augmente le nombre des rameaux et par conséquent l'importance.

Les branches inférieures qui reçoivent plus directement la sève grossissent sans cependant multiplier leurs rameaux, les branches supérieures, au contraire, diminuent insensiblement jusqu'à la cime, sommet de l'axe primaire de la plante.

Il résulte de ces diverses modifications que l'arbre est généralement conique dans sa forme, large à la base si les branches inférieures arrêtent la sève, ou fusiforme s'il s'allonge comme le peuplier.

BEAUTÉ DES ARBRES DE LA FORÊT.

Il est réservé plus particulièrement au paysagiste, de mettre en valeur la beauté des arbres de nos forêts; le décorateur lui-même y trouve des éléments de décoration, les tapisseries dites en verdure, certains papiers peints qui les reproduisent, donnent une idée du parti décoratif qu'on peut dégager en les utilisant.

L'arbre, dans sa tenue et dans son aspect, parle aux yeux de l'artiste, les fortes branches d'un beau chêne donnent une haute idée de l'immense intérêt que présente la végétation, les arbres en fleur au printemps causent la plus vive et la plus douce impression à celui qui apprécie la beauté de la nature, les rameaux grêles et effilés du saule pleureur, les branches tombantes du frêne et du sophora semblent donner une idée de tristesse et de regret.

Le développement du bourgeon est la cause principale de la variété des formes que les arbres présentent.

LES PLANTES HERBACÉES.

Sur les plantes herbacées, et surtout sur les plantes vivaces, cette influence n'est pas moindre. Ces dernières

FIG. 171 à 173. — Marronnier. Bourgeons.

ont une souche qui vit sous terre pendant un grand nombre d'années. La tige très courte et les pousses nouvelles forment de nouveaux bourgeons qui apparaissent à l'aisselle des anciennes tiges. Chaque année, la végétation renaît et parcourt ainsi les mêmes phases que l'année précédente.

Les stolons, les gourmands et les coulants.

Les rameaux qui sortent de la tige sont parfois si faibles qu'ils ne peuvent s'élever en l'air, ils rampent sur le sol. S'ils sont très grêles et filamenteux, nus et ne portant des feuilles qu'à leurs extrémités, ils reprennent à nouveau racine de distance en distance, ce sont les *stolons*, les *gourmands* ou les *coulants*, la tige est dite alors stolonifère. Les stolons du fraisier en sont de très gracieux exemples (fig. 184).

Il n'est pas inutile de revenir sur les différences d'aspect que présentent les bourgeons, les uns sont soyeux, les autres laissent apparaître avant la feuille des chatons garnis de milliers de fleurs (le peuplier, le noisetier) d'autres comme le marronnier (fig. 171 à 175) ont une tenue, une gravité et en même temps une souplesse de lignes qui en font un fort bel ornement, varié chaque fois, d'une symétrie agréable, d'une opulence bien faite pour nous intéresser.

Fig. 174. — Lierre.

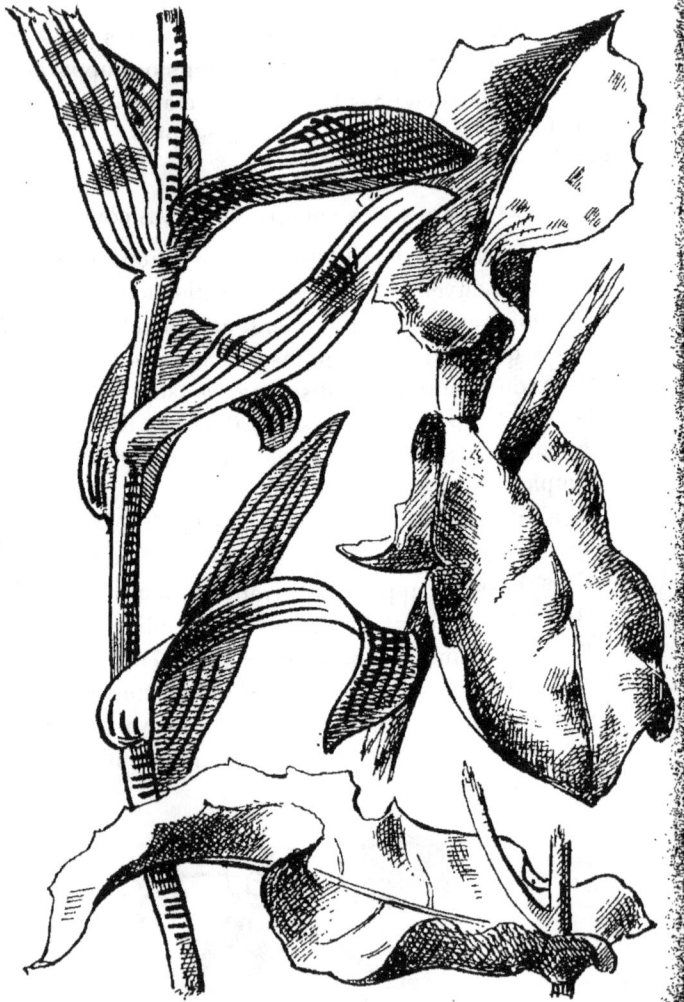

Fig. 175 à 178. — Attaches des feuilles sur les tiges. — Feuilles acaules de la saponaire. — Feuilles engainantes de la laitue montée. — Feuilles enveloppantes du séneçon.

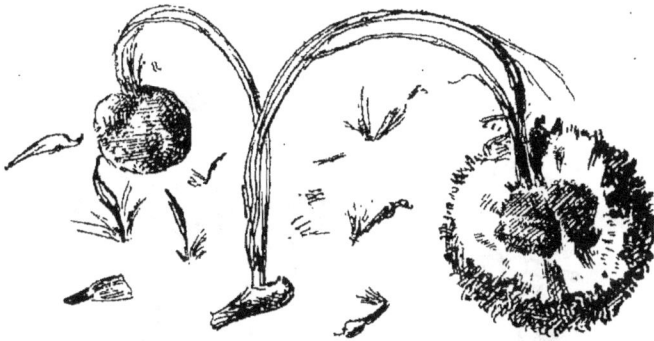

Fig. 179. — Fruit du platane à nu et à demi dépouillé.

CHAPITRE VI

LA FEUILLE

Le limbe. — Le pétiole. — Feuilles sessiles et pétiolées.
Nervures. — Forme des feuilles. — Position sur la tige.
Diversité des formes.

LES FEUILLES.

Lorsque les bourgeons se sont développés, les feuilles qui sont les appendices de la tige se produisent à leur tour dans toute leur forme, en s'étalant sous l'aspect de surfaces planes et membraneuses.

La feuille se compose de deux parties : 1° le *limbe*, surface plane et foliacée ; 2° le *pétiole* qui sert de support au limbe.

La feuille qui a un support est *pétiolée*, celle qui n'en a pas est *sessile*.

La feuille suivant les différents points qu'elle occupe en hauteur sur la tige, présente des différences notables

FIG. 180 à 182. — 1. Feuilles : engainante du blé. — 2. Perfoliée du cumin. — 3. Décurrente du lis.

de forme, de mesure, de dessin et de couleur. Elle se convertit aussi aux extrémités des tiges et des rameaux en organes floraux, car la fleur n'est elle-même que le résultat de la transformation des feuilles.

LE PÉTIOLE ET LES NERVURES.

Le *pétiole* est un organe allongé, cylindrique ou canaliculé, composé de vaisseaux, qui, au sommet du pétiole s'écartent, se ramifient pour former une sorte de squelette de la feuille. Ces faisceaux vasculaires constituent les lignes de direction, saillantes ou en creux nommées *nervures* et autour desquelles convergent dans les saillies plus ou moins marquées les plans de la feuille. Les nervures constituent la trame du tissu dont la feuille est faite.

Du côté de la tige, la feuille s'attache très différemment. Elle est *sessile ou pétiolée*. Elle est très détachée de la tige ou forme quelquefois, comme dans le platane, une petite enveloppe évasée triangulaire, sorte de stipule, ou bien elle est sessile, rapprochée de la tige qu'elle enveloppe et embrasse, qu'elle engaine complètement, comme dans le blé, la laitue, la patience et l'orge (fig. 176).

Acaule comme la saponaire, engainante comme la laitue, enveloppante comme le séneçon, elle est ainsi toujours différente d'elle-même (fig. 175 à 178).

LE LIMBE.

Le *limbe* de la feuille est toute la partie plane, mince et membraneuse de la feuille. Attaché au pétiole ou fixé sur la tige si elle est acaule, il présente de nombreuses variétés au point de vue de ces différentes attaches.

L'attache est un détail que le dessin néglige trop souvent et cependant il ne peut qu'ajouter à l'expression et au caractère de la plante. Il est extrêmement utile de le copier avec fidélité, cette exactitude devant éviter des anachronismes trop fréquents dans l'art décoratif.

La feuille enveloppant la tige est décurrente (consoude, blé, lis) (fig. 182). La tige qui perce le limbe dans son milieu rend la feuille perfoliée, cumin (fig. 181).

Le limbe est quelquefois gras, large et épais, la rhubarbe, les orpins, en sont des exemples, ces plantes sont désignées sous le nom de plantes grasses.

La feuille doit être considérée sous ses divers aspects; la face *supérieure, la face inférieure, le bord, le sommet, la base,* sont autant de détails qu'il faut observer.

Lorsqu'on dessine une plante ou l'un de ses détails, il y a souvent intérêt, si l'on envisage les résultats à obtenir, à l'examiner non seulement de face, mais encore inclinée et dans les différentes positions qu'elle peut présenter. Chaque fois la physionomie de la plante est différente d'elle-même, les motifs qui en résultent peuvent trouver plus facilement leur place dans un arrangement décoratif.

LA NERVATION.

La nervure principale et médiane de la feuille est la côte sur laquelle viennent généralement, en ramifications plus ou moins nombreuses, converger les nervures secondaires.

Complétées par les veines et veinules, sorte de réseau à mailles fines et délicates, elles subdivisent la surface du limbe et ajoutent des creux et des reliefs aux contours des feuilles.

Cette disposition des nervures est la nervation fort curieuse et très variée dans la nature. Elles naissent par

Fig. 183 à 187. — 1. Nervures du céleri. — 2. Saponaire. — 3. Houblon.
4. Géranium. — 5. Bananier.

FORMES DE FEUILLES.

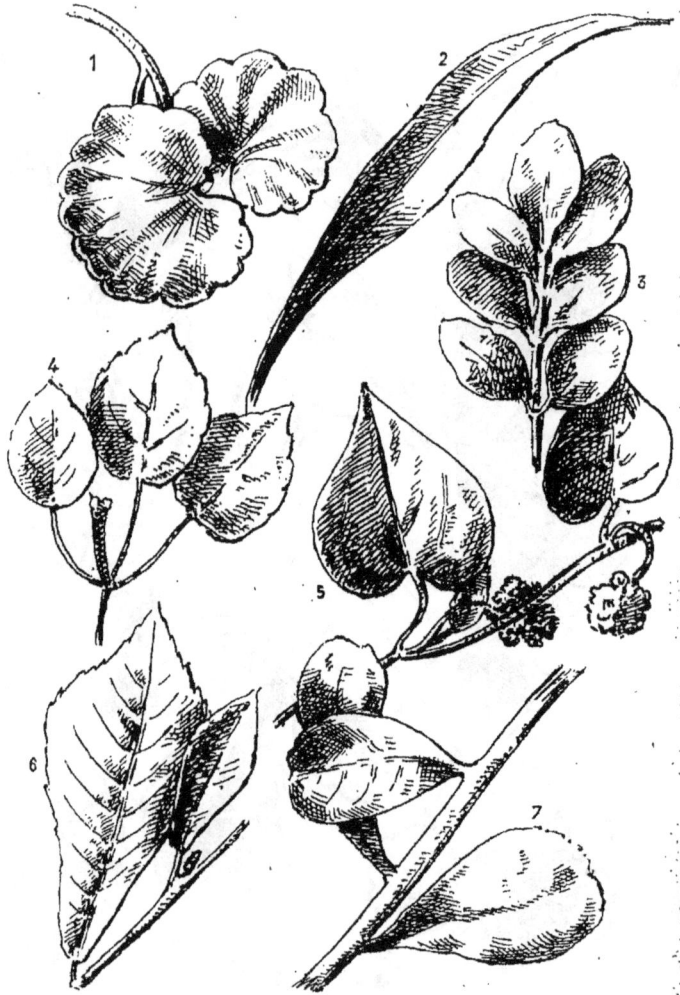

FIG. 188 à 194. — Formes : 1. Orbiculaire (géranium). — 2. Lancéolée (pêcher). — 3. Elliptique (buis). — 4. Ovale (orme). — 5. Cordiforme (clématite). — 6. Obovale (châtaignier). — 7. Spatulée (euphorbe).

fois à la base du limbe, elles ont le même point d'attache, puis s'épanouissent parallèlement entre elles comme dans le maïs, les graminées, la saponaire (fig. 176). D'autres fois, comme dans l'ortie (fig. 209), elles arquent leurs lignes pour se réunir au sommet.

Les nervures secondaires rayonnent aussi quelquefois autour d'un point initial, le géranium (fig. 188), le pas-d'âne (fig. 197), pour s'épanouir suivant une disposition en éventail.

Elles s'attachent aussi sur l'axe principal comme les barbes d'une plume, (exemple le bananier, fig. 187) ou bien se détachant successivement de l'axe primaire, puis de l'axe secondaire permettent ainsi à la feuille de se découper, de s'inciser et de se décomposer comme la feuille du houblon (fig. 185). Une disposition très répandue est celle où les nervures secondaires rejoignent à des hauteurs différentes la nervure principale, comme dans le céleri (fig. 185). Chaque nervure supporte alors un des lobes de la feuille découpée et incisée. Repliés sur eux-mêmes, s'alternant et se recouvrant par places, ces lobes ont les creux et les saillies de la belle et décorative feuille d'acanthe.

SAILLIES DE LA FEUILLE, SON ORNEMENTATION.

C'est tout autant par ses reliefs que par ses contours que la feuille peut plaire.

Le sculpteur ornemaniste recherche plus souvent la saillie et les effets d'ombre et de lumière que la forme linéaire limitant la feuille. Ces nervures ont une grande souplesse, elles donnent des alternances de blanc et de noir qui suffisent à accentuer les effets d'une ornementation.

POSITION DE LA FEUILLE SUR LA TIGE.

Suivant leur position, les feuilles, sont ou *caulinaires*, si elles naissent sur la tige, ou *radicales*, si elles naissent de la souche, ou *florales*, quand elles accompagnent les fleurs. Ces dernières dans les diverses transformations, écailleuses, de consistance ou de couleur qu'elles subissent deviennent des *bractées*.

FORMES DE LA FEUILLE.

Les formes que les feuilles affectent sont infinies, voici les principales.

Orbiculaires, comme un cercle : le géranium, la mauve (fig. 188).

Lancéolées, en fer de lance : le pêcher (fig. 189).

Elliptiques, en ellipse : la pervenche, le buis (fig. 190).

Ovales, en forme d'œuf : le lysimachia, l'orme (fig. 191).

Obovales, en partie ronde, en partie ovale : le raisin d'ours, la busserole, le châtaignier (fig. 193).

Spatulées, elles sont en forme de spatule comme l'extrémité du manche d'une cuiller : la marguerite, l'euphorbe (fig. 194).

Anguleuses, l'extrémité de la feuille forme un angle aigu : l'arroche des murailles (fig. 208).

Cunéiformes, elles prennent la forme d'un coin à écarter : le bouleau (fig. 195).

Réniformes, l'ensemble de la feuille a l'aspect de reins ou de rognons : le lierre terrestre, le pas-d'âne (fig. 197).

Cordiformes, en cœur comme est un cœur de carte à jouer : la violette, la clématite (fig. 192).

Hastées, comme une lance à harpon : le rumex à écusson ou oseille des murailles, la sauge (fig. 215).

FIG. 195 à 200. — Formes : 1. Cunéiforme (frêne). — 2. Découpée (bryone). — 3. Réniforme (pas-d'âne). — 4. Incisée (aubépine, vesce). — 5. Lancéolée (saponaire). — 6. Mucronée (vesce).

Fig. 201 et 202. — Feuilles épineuses. — Petite fougère.

Aiguës, expression définie d'elle-même, les feuilles sont longues ou étroites dans toute leur longueur : le saule blanc, le bleuet (fig. 216).

Cuspidées, pointues et piquantes à l'extrémité, longues comme la feuille du yucca.

Mucronées, les feuilles sont terminées par une petite pointe souvent produite par le prolongement de la nervure médiane, exemple : la vesce cultivée (fig. 200).

Échancrées, les feuilles sont découpées au sommet : le sumac des teinturiers.

Sagitées, se dit des feuilles en fer de flèche, aiguës au sommet, échancrées et prolongées à la base en deux auricules pointues : le liseron des haies.

Dentées, avec les bords garnis d'échancrures triangulaires : l'ortie (fig. 209).

Dentées en scie comme le fraisier.

Sinuées (sinus veut dire échancrure), les feuilles présentent sur les bords des parties saillantes arrondies et séparées par des découpures : le chêne (fig. 210).

La feuille *incisée* a ses bords découpés en lobes irréguliers; l'aubépine a des feuilles incisées (fig. 198).

Les feuilles *épineuses* sont intéressantes à étudier au point de vue ornemental, les découpures en sont très accusées elles sont aussi très variées, les planches ci-contre indiquent les principales dispositions.

En comptant le nombre des divisions de la feuille, on la désigne sous le nom de *bilobée* avec deux divisions, le gui (fig. 214), *trilobée* avec trois lobes : trèfle (fig. 203), hépatique ou herbe de la Trinité.

La feuille à cinq lobes est *digitée* (en forme de doigts) : la pivoine (fig. 220), la potentille.

Les feuilles sont quelquefois *ciliées* quand leurs bords

sont garnis de poils longs comme des cils, ils sont généralement situés à l'extrémité des nervures; avec le temps
ils durcissent et deviennent de vraies épines : le houx.

Une feuille *pennifide roncinée* produit, par ses découpures, des lobes en lanières. Dans le pissenlit ces lames
se dirigent de haut en bas, le coquelicot est pennifide
(fig. 217).

La feuille *lyrée*, comme le navet (fig. 213), ou l'herbe de
Sainte-Barbe se rapproche assez par sa forme de la lyre.

La feuille *palmiséquée* a des découpures en segments
s'étendant jusqu'à la nervure de la feuille, les segments
se séparent et deviennent à leur tour des feuilles isolées
toutes situées en éventail sur un pétiole commun : le
quintefeuille, le marronnier (fig. 219), la potentille rampante.

La feuille est *pédalée* comme dans l'ellébore parce que
ses lobes ou ses lanières divergent comme les touches
d'un pédalier.

Les feuilles avec leurs découpures sont classées en deux
grandes divisions : elles sont simples ou composées.

FEUILLES SIMPLES ET COMPOSÉES.

Les *feuilles simples* sont celles qui ne sont formées
que d'une seule pièce, d'un simple lobe non découpé et
dont tous les vaisseaux s'appuient sur le pétiole ou nervure principale; le lilas, le tilleul, la clématite, le poirier,
le lathyrus (fig. 196), la bryone (fig. 206), etc., sont des
feuilles simples.

Les feuilles *composées* se subdivisent à un certain moment de leur évolution en un plus grand nombre de feuilles,
elles semblent se détacher et se séparer et s'attachant

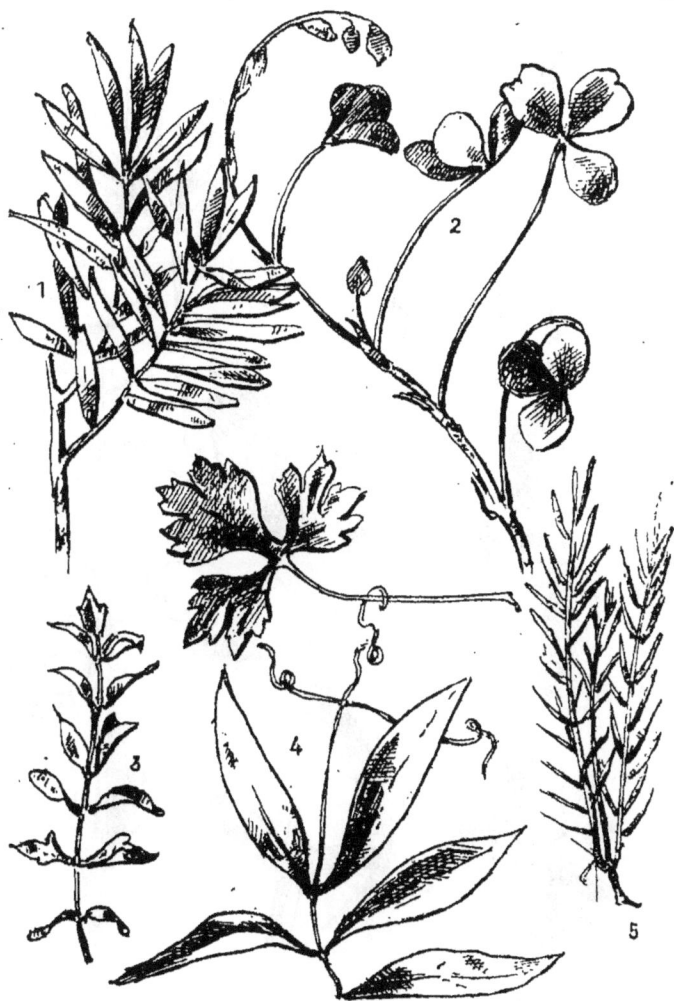

FIG. 203 à 207. — Formes : 1. Distique (génevrier). — 2. Obcordée (trèfle). — 3. Polygola. — 4. Lathyrus. — 5. Laciméc.

FORMES DE FEUILLES.

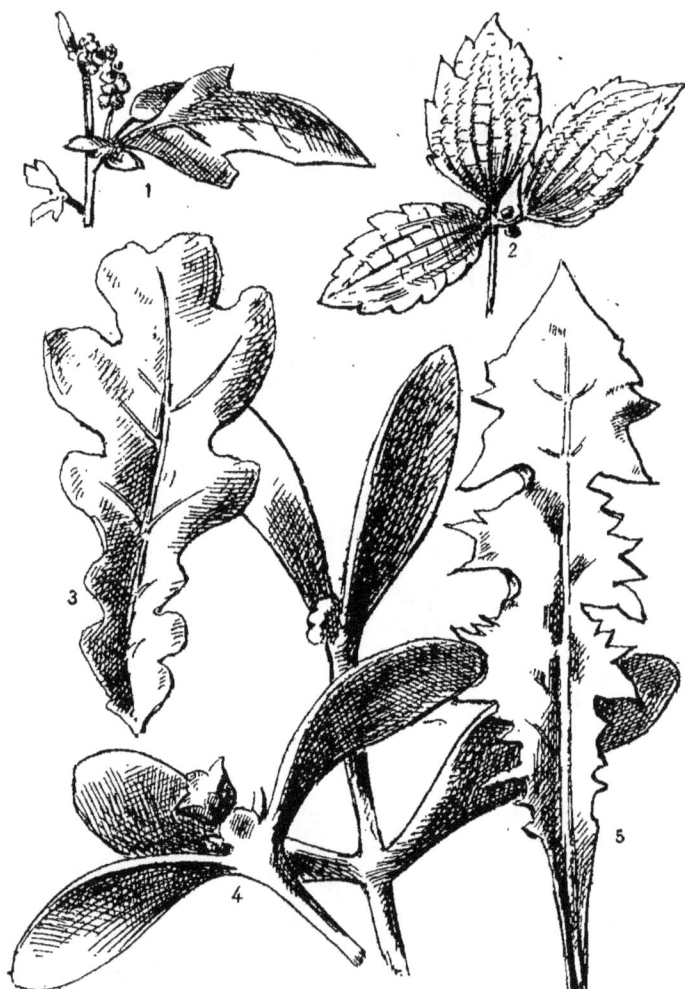

Fig. 208 à 212. — Formes : 1. Anguleuse (acroche des murailles).
— 2. Dentée (ortie). — 3. Sinuée (chêne). — 4. Obtuse (gui). — 5. Roncinée (pissenlit).

Fig. 215 à 217. — Formes : 1. Lyrée (navet). — 2. Découpée (panais). — 3. Hastée (sauge). — 4. Aiguë (bleuet). — 5. Pennifide (coquelicot).

Fig. 218 à 220. — Formes : 1. Composée (acacia). — 2. Palmatiséquée
(marronnier). — 3. Digitée (pivoine).

cependant sur un pétiole unique elles semblent s'isoler
les unes des autres. Ces nouvelles feuilles sont des *folioles*
nées successivement sur le lobe précédent. Les plus beaux
exemples de cette transformation des feuilles se rencon-
trent dans le rosier et le marronnier (fig. 219), qui attei-
gnent facilement le nombre de sept folioles.

Les feuilles lorsqu'elles sont composées, sont dans leur
disposition, extrêmement variées. Le pétiole simple, long
comme dans l'acacia (fig. 218), ressemble à une tige sur
laquelle les folioles sont régulièrement attachées. Le
pétiole se décompose, des axes secondaires naissent et de
nouvelles folioles vont s'y fixer, puis des axes tertiaires,
puis cinq axes et plus transforment d'une façon continue,
sans repos ni arrêt, cette plante qu'on verra pousser à vue
d'œil et qui tous les jours changera d'aspect.

DIVERSITÉ DANS LA FORME DES FEUILLES.
LES FEUILLES MORTES.

La feuille est l'un des éléments végétaux qui présentent
le plus d'avantages pour le décor, la diversité est infinie
dans chaque espèce, aucune feuille ne ressemble à sa voisine, bien qu'elles soient toutes deux nervées et découpées de la même façon.

La diversité s'accuse encore bien davantage si l'on
compare les espèces entre elles.

Dans cette immense variété d'éléments, le choix peut
être difficile et dénote de la part de celui qui comprend la
beauté, un plus grand sens artistique que chez celui qui
ignore la plante. Ce n'est pas seulement le contour qui
arrête un homme de goût, le choix porte aussi sur les

FIG. 221 à 227. — Feuilles mortes de l'orme et du platane.

saillies formées par les nervures, sur la souplesse de ces
nervures sur l'irrégularité des formes. Ce qui plaît le plus
souvent c'est le mouvement même que la feuille accuse et
qu'elle exagère lorsqu'elle se dessèche.

Les feuilles mortes de l'orme et du platane (fig. 224 à
227) accentuent les plans, donnent une saillie digne d'une
traduction artistique.

Fig. 228. — Tige de canna.

FIG. 229 à 233. — Rapport des feuilles avec la tige : 1. Alternes (laurier). — 2. Opposées (symphorine). — 3. Verticillée (gallium). — 4. Opposées (lilas). — 5. Engainées (laitue).

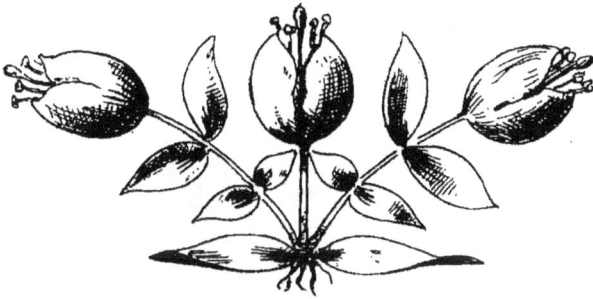

Fig. 254. — Silène enflé. Motif symétrique.

CHAPITRE VII

LA TIGE ET LES FEUILLES

Disposition de feuilles alternes, opposées, verticillées,
accessoires, stipules, vrilles, greffe.
Nutrition et absorption des fluides. — Applications décoratives.

LES FEUILLES ALTERNES, SESSILES ET OPPOSÉES.

Il est une disposition de la plante qui doit encore arrêter
le dessinateur. Si la nature semble avoir utilisé la géométrie en donnant aux feuilles des formes régulières dans
leur direction et dans leurs grands contours, elle l'utilise, bien plus encore, quand elle les fixe sur la tige, qui,
dans un branchement linéaire, prend les directions et
affecte les courbures les plus inattendues.

Trois dispositions principales déterminent, dans cette
grande variété de la nature, les rapports qui existent entre
la feuille et la tige :

Fig. 235 à 240. — Attache des feuilles sur la tige : 1. Clématite. — 2. Centaurée. — 3. Chardon. — 4. Panicaut violet. — 5. Séneçon. — 6. Mâche.

Elles sont *alternes, opposées*, ou *verticillées*. Les feuilles alternes sont fixées à chaque nœud (tilleul) de la tige autour de laquelle elles se fixent à des distances régulières ; le laurier, le chardon (fig. 229).

Les feuilles opposées naissent deux à deux à la même hauteur sur la tige. Deux autres feuilles au-dessous ou au-dessus, leur sont diamétralement opposées et décussées, elles forment avec elles une disposition en croix, exemples : le lilas, la symphorine (fig. 250 et 252).

Les feuilles naissent souvent aussi autour d'un même cercle sur la tige, c'est-à-dire à la même hauteur. S'il y a plus de trois feuilles, on dit qu'elles sont verticillées, le panicant violet, le gallium, sont en verticilles (fig. 254 et 258).

LES FEUILLES SUIVENT UN MOUVEMENT SPIRAL SUR LA TIGE.

Cette disposition de la feuille sur la branche ou de la branche sur la tige est digne d'attention. Il est curieux d'observer qu'elles poussent en spirale, qu'elles montent successivement sur la tige en sortant à des distances régulières sur la ligne fictive de la spirale. C'est ainsi que dans un cycle ou spire, c'est-à-dire dans le parcours d'un tour complet du cylindre, on peut trouver trois, cinq, sept branches ou attaches. Quelquefois aussi, il faut plusieurs tours de spire pour trouver un nombre exact de branches.

Un autre motif d'intérêt peut encore mériter l'attention de l'artiste. La feuille, depuis sa période de formation jusqu'au moment où l'hiver la détache de l'arbre, a passé par des phases nombreuses, non seulement de forme, mais encore de couleur. La feuille qui supporte un affaiblissement de la nutrition change d'aspect, et du vert,

passe quelquefois comme la vigne vierge au rouge car-
miné. Les feuilles mortes en automne sont devenues jau-
nes ou rouges, l'atrophie du pétiole les détache de l'arbre
et raides, sèches et cassantes, elles ont encore un aspect
de beauté qui sied à cette dernière phase de leur existence.

Ainsi la feuille dans sa création, dans son évolution,
dans sa disposition sur la branche, dans sa couleur, dans
sa mort même, est un modèle, dont il faut en comprendre
tout le charme. L'étude d'une seule plante, limitée à ses
feuilles, suffit à donner par l'aspect divers que prend
chacune d'elles, une grande variété de dessins. L'exemple
d'un pied de mâche suffit à le prouver (fig. 241 à 250).

ACCESSOIRES DE LA FEUILLE ET DE LA TIGE.

Tous les petits détails qui tiennent à la plante, à la tige
ou à la feuille ajoutent encore à sa beauté. Ils aident à lui
donner chaque fois une physionomie particulière, à détruire
la monotonie qu'elle pourrait avoir si tout était trop régulier. Ces accessoires font mieux encore, ils l'aident à vivre
dans son milieu. Doit-elle grimper, s'accrocher, des
vrilles, des griffes, la retiennent suspendue avec grâce et
légèreté. Doit-elle se défendre, des épines ou des aiguilles
viennent à son aide. Des stipules, sorte d'écailles, complètent encore tous ces accessoires.

DES STIPULES.

Les stipules, comme dans le rosier, sont placées à la
base du pétiole. Elles ajoutent de la force et rendent plus
solide l'attache du pétiole sur la tige.

Leur disposition est en général très uniforme dans un
même groupe et offrent ordinairement une constance
remarquable dans toute une famille. Elles sont quelque-

FIG. 241 à 250. — Étude d'un pied de mâche et de feuilles isolées.

Fig. 251 à 256. — Vrilles, stipules et crampons : 1. Pois de senteur.
— 2. Bryone. — 3. Lierre. — 4. Persicaire. — 5. Stipules. — 6. Passiflore. — 7. Stipule du rosier.

fois réduites à un simple filament et d'autres fois elles ont un aspect nettement foliacé.

Il y a certains groupes de végétaux où elles existent constamment, les malvacées, les rosacées, les légumineuses qui sont des plantes dicotylédonées. Dans la plupart des autres familles, au contraire, et particulièrement dans les plantes monocotylédonées, elles n'existent qu'à de très rares exceptions.

LES VRILLES.

Les appendices filamenteux d'origines diverses, simples ou rameux, se roulant en torsade ou en spirale sur les tiges voisines sont les *vrilles*. Elles soutiennent dans l'espace des plantes faibles et volubiles qui ramperaient et qui, au contraire, s'élèvent facilement en l'air, autour des arbustes auxquels elles fixent la plante.

Les organes modifiés qui constituent les vrilles ne sont que des pédoncules floraux allongés considérablement comme dans la bryone et dans la vigne. Aussi portent-ils quelquefois, par accident, des fleurs et des fruits. Dans la vigne, la vrille est presque toujours placée en face de la feuille d'abord, du fruit ensuite, ce qui fait voir que ce sont des grappes avortées.

Dans les passiflores, elles sont axillaires. La vrille est *simple* dans la bryone, elle est *rameuse* dans le cobea ou dans le volubilis.

LES GRIFFES ET LES CRAMPONS.

Les griffes et les crampons qui soutiennent le lierre ont comme les plantes sarmenteuses, des *suçoirs* très courts et très déliés qui paraissent destinés à absorber dans les vieux murs les soutenant, les matières nutritives nécessaires à leur alimentation.

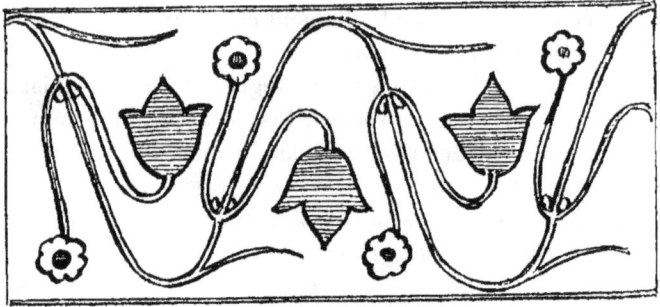

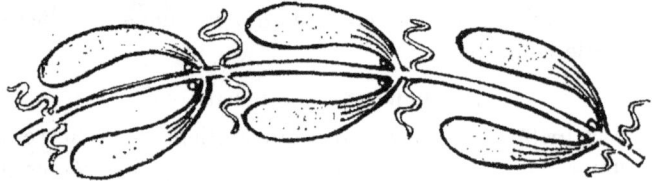

Fig. 257 à 260. — Ornements utilisant les vrilles : 1. Temple de Jupiter à Égine. — 2, 4. Peinture de vase grec. — 3. Ornement manuscrit.

Comme éléments décoratifs, la vrille et les griffes permettent de modifier avec avantage les compositions dont les taches un peu lourdes ont rendu l'aspect peu gracieux ou insuffisamment léger. La vrille, avec ses courbes, allège cette lourdeur. Dans une composition où les vides se présentent, on les comble facilement au moyen des vrilles. Les Grecs ont parfaitement su tirer parti d'un moyen aussi avantageux, leurs vases, peints librement à la main, où le décor est fait par taches, étaient recouverts de motifs en vrilles qui donnaient une grande légèreté à leur ornementation.

QUESTIONS DIVERSES.

Diverses questions relatives à la nutrition de la plante, à l'absorption des fluides nutritifs, à la circulation de la sève, à la giration ou rotation des éléments végétaux, à la transpiration du végétal, à sa respiration, à son accroissement, peuvent arrêter un esprit curieux et méritent de fixer son attention. Combien de savants, avec une passion bien justifiée ont étudié la plante à ces différents points de vue. Le dessinateur y trouverait-il grand profit, peut-être, mais dans cette recherche, où arrêterait-il ses investigations et tirerait-il de cette étude tous les avantages qu'il peut réclamer? Aussi doit-il se contenter de connaître la plante dans son aspect, de savoir la bien regarder, et surtout la bien reproduire.

FIG. 261. — Clématite.

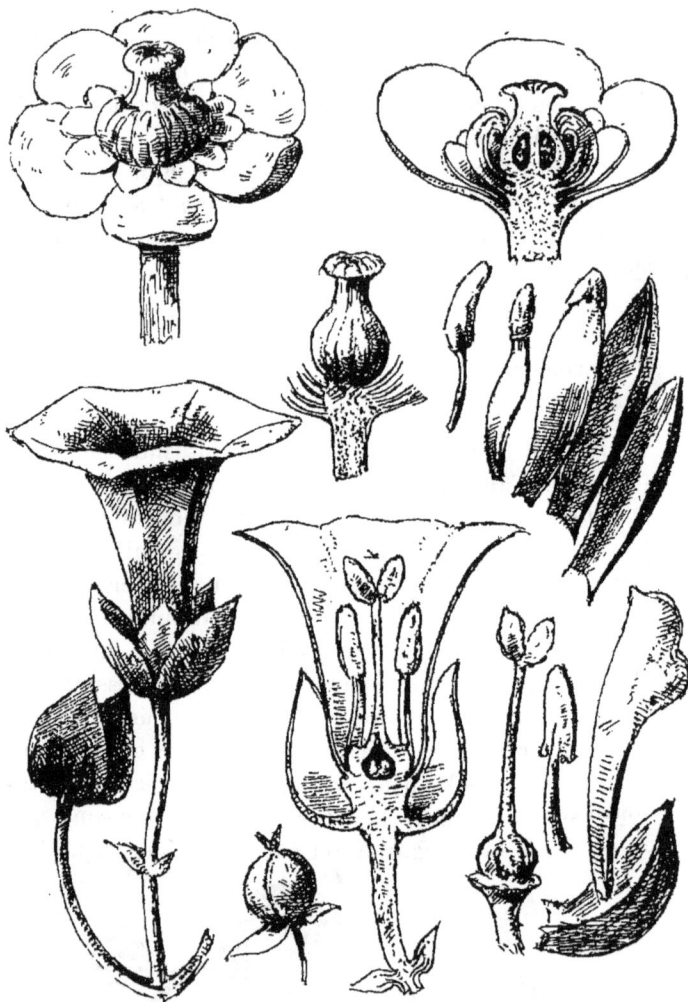

FIG. 262 et 263. — Nénuphar. Ensemble de la fleur, coupe, formes
et disposition des divers appendices. — Volubilis. Ensemble et coupe
de la fleur, pièces détachées : pistil, étamine, pétale et sépale.

Fig. 264. — Monodora. Coupe de la fleur ornemanisée.

CHAPITRE VIII

LA FLEUR. — REPRODUCTION DE LA PLANTE

Enveloppes protectrices de la fleur. — Le Gynécée et l'Androcée.
Le pédoncule. — Les éléments floraux, leur disposition.

LA FLEUR.

Tous les corps vivants dans la nature se reproduisent.

Dans la plante les organes femelles nommés *carpelles* et les organes mâles nommés *étamines* sont les parties essentielles de la reproduction.

Ces organes fécondent le *pollen* et reproduisent au moyen de germes fécondés les espèces qu'ainsi ils propagent et multiplient.

Ce sont ces organes qui constituent essentiellement la *fleur*.

Les organes de la reproduction ne se montrent qu'à

l'époque où la plante acquiert tout son développement, c'est-à-dire au moment où elle est adulte.

En général les carpelles et les étamines sont réunis comme la rose et le jasmin, sur un support commun, c'est le caractère principal des plantes *dicotylédones*. Lorsque la plante ne possède que les étamines ou que les carpelles, elle est classée parmi les plantes *monocotylédones*.

ENVELOPPES PROTECTRICES DE LA FLEUR.

Les étamines et les carpelles de la fleur sont en général protégés par des enveloppes florales qui sont de deux sortes, extérieures ou intérieures.

Les feuilles de l'enveloppe extérieure conservent généralement leur coloration verte, on les désigne sous le nom de *sépales*, leur réunion constitue dans leur ensemble le calice.

L'enveloppe intérieure est d'un tissu plus délicat, sa coloration est variée à l'infini, les feuilles qui la composent sont les *pétales* et leur ensemble constitue la *corolle*.

Cet ensemble complexe des enveloppes florales se nomme *fleur*, c'est à cet ensemble que s'arrête en général pour tout le monde, l'idée de la fleur proprement dite.

LE GYNÉCÉE ET L'ANDROCÉE.

Elle peut presque suffire au dessinateur qui ne s'arrête qu'à l'aspect que ces enveloppes peuvent avoir et cependant l'essence de la fleur n'est réellement constituée que par les *carpelles* et les *étamines*. Les enveloppes florales pourraient manquer, elles n'enlèveraient pas à la fleur, c'est-à-dire aux carpelles et aux étamines les moyens de se reproduire.

Dans une fleur complète la position des organes qui la constituent est toujours identique, les carpelles ou *gynécée* sont au centre, les étamines ou *androcée* viennent ensuite, puis autour on voit les pétales en série circulaire, enfin les sépales enveloppent la fleur et constituent le *calice* qui est tout à fait en dehors.

LE PÉDONCULE.

Les fleurs naissent généralement à l'aisselle des feuilles ou des *bractées*, petites feuilles appauvries par l'épuisement de la sève, elles sont supportées comme la feuille, par une tige. Elle prend le nom de *pédoncule* et porte à la partie supérieure un renflement sur lequel s'attachent tous les organes de la fleur. Conique ou allongée cette partie du pédoncule est le *réceptacle*. Les figures 262 et 265 représentent un ensemble de la fleur du nénuphar elles permettent d'observer ainsi la disposition de tous les éléments floraux. Ses divers appendices sont ensuite détachés, ils montrent leur forme et leur disposition sur le réceptacle. Une analyse analogue du volubilis complète cet ensemble et détaille les diverses pièces détachées, le pistil, l'étamine, le pétale et le sépale.

DISPOSITION DES ÉLÉMENTS FLORAUX.

Il y a entre la feuille et la fleur identité dans la disposition des éléments, probablement même, mais peut-on soutenir une telle opinion devant les artistes, la fleur n'est qu'un simple rameau, court, terminé par un bourgeon qui n'aboutit pas et dont la décoloration produit la *coloration* même de la fleur.

Il semble que les organes de la fleur sont disposés en couronnes concentriques séparées, il n'en est rien, ils sont

DÉCOR-PLANTE. 7

FIG. 265 à 270. — Lichens et algues : 1, 2. Lichens. — 3. Arrangement japonais. — 4. Mousse. — 5. Algue.

au contraire emboîtés les uns dans les autres et leur disposition est en spirale généralement. Il y aurait une corrélation constante dans la position en verticille de tous ces
organes, mais ils alternent en général de manière à ce que
le verticille précédent soit dans l'intervalle du suivant, les
milieux pleins correspondant aux vides.

C'est la disposition ordinaire de la fleur, mais il est des
espèces ou ces organes sont séparés (le saule, le maïs), la
fleur monocotylédone unisexuée est mâle ou femelle et ne
renferme que des étamines ou des carpelles.

Les organes reproducteurs de certaines plantes, les
fougères, les champignons, les mousses, les algues, les
lichens, ne sont pas apparents à l'œil, on les désigne pour
cette raison sous le nom de cryptogames, c'est-à-dire
privés d'organes.

STOLONS, BULBES ET BOUTURES.

Ce n'est pas seulement par les étamines et les carpelles
que les végétaux se multiplient, la plante se reproduit
encore avec les *stolons*, les *bulbes* ou les *boutures*.

Les stolons, comme on l'a vu précédemment, sont des
rameaux rampants qui reprennent racine en terre et comme
le fraisier, s'étendent fort loin. Les bulbes et les oignons
reproduisent aussi la plante d'où ils sortent, enfin la
bouture qui n'est qu'une simple branche détachée de sa
tige, prend une vie isolée et constitue un nouvel individu
lorsqu'elle est fixée en terre ou qu'elle répond à certaines
conditions lui permettant de reprendre racine.

Quelquefois aussi les plantes ont la faculté de se reproduire à l'aide de petits corps arrondis et écailleux qui
peuvent se détacher de la plante principale, se développer

FIG. 271 à 275. — Ancolie, détail et arrangement symétrique. Plante dicotylédone réunissant nécessairement les quatre verticilles de la fleur. — Fruits et accessoires. Arrangement décoratif.

et former une plante de même espèce, ces bourgeons mobiles qui ont la faculté de continuer ainsi l'espèce, sont les *bulbilles* ils remplissent dans ce cas le rôle de la fleur elle-même.

La fleur est non seulement pourvue des organes nécessaires à sa reproduction, mais elle est composée souvent de diverses feuilles modifiées formant autour des étamines et des carpelles des enveloppes destinées à les protéger.

Une fleur complète dicotylédone présente avec les deux organes reproducteurs, étamine et pistil, cette double couronne du calice et de la corolle.

LES VERTICILLES DE LA FLEUR.

Dans une plante de même espèce les parties constituantes de la fleur sont toujours assemblées dans un ordre invariable. Voici comment, en partant de la forme extérieure, les organes sont disposés :

1º Par le *calice* constitué avec les sépales, organes qui conservent généralement leur couleur verte, les sépales sont des pièces libres soudées entre elles ;

2º La *corolle* qui réunit ses pièces libres aussi, qu'on désigne sous le nom de *pétales*, ce sont des feuilles qui placées presque toujours à l'extrémité des tiges terminales se modifient et se colorent dans une variété de tons que le peintre est quelquefois incapable à saisir ;

3º Les *étamines*, organes mâles viennent ensuite, ils forment l'*androcée* ;

4º Les *carpelles*, organes femelles constituent dans leur ensemble le *gynécée*, mot auquel on substitue presque toujours le nom de *pistil* quand les carpelles sont soudés ensemble.

Les pièces qui constituent une fleur sont donc disposées en quatre groupes circulaires nommés *verticilles* qui, comme on l'a vu plus haut, s'alternent et se protègent mutuellement. Il est à remarquer que dans les plantes dicotylédones le nombre des parties est en général de cinq ou des multiples de cinq; dans les plantes monocotylédones, au contraire, elles ne sont représentées que par trois, six ou neuf divisions.

La fleur est en général *pédonculée*, c'est-à-dire pourvue d'un support qui est la tige terminale d'un rameau libre. L'extrémité est souvent renflée elle sert alors d'attache aux différentes parties de la fleur et prend le nom de *réceptacle*. Lorsqu'il n'y a pas de *pédoncule* la fleur posée sur le bois de la plante est *sessile*.

FIG. 276. — Fleur ornementale.

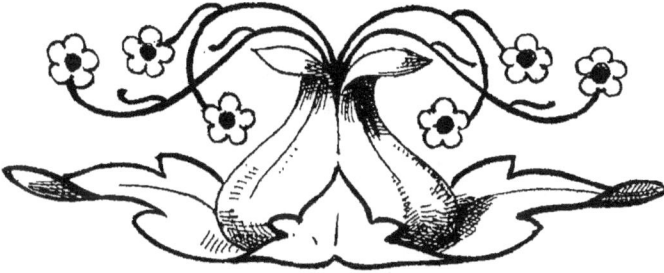

FIG. 277. — Calice. Arrangement symétrique.

CHAPITRE IX

INFLORESCENCES

Inflorescences définies ou indéfinies.
L'épi, le chaton, etc. — Préfloraison. — Réceptacle de la fleur.

PÉDONCULE, BRACTÉES, RÉCEPTACLE ET PRÉFLORAISON.

INFLORESCENCE.

La disposition générale des fleurs sur la tige ou sur les rameaux prend le nom d'*inflorescence*.

Comme pour la disposition des branchements, l'inflorescence, au point de vue décoratif, doit arrêter l'attention du dessinateur. Il y a, dans l'arrangement des éléments floraux, des anachronismes à éviter.

C'est presque toujours par une fleur que l'*axe primaire*, ou rachis de la plante, se trouve terminé. Les ramifications de l'axe primaire sont des *axes secondaires* ou *tertiaires* terminés eux-mêmes par des fleurs.

INFLORESCENCES DÉFINIES ET INDÉFINIES.

Deux sortes d'inflorescences sont la conséquence de cette disposition florale : l'*inflorescence définie* ou terminée avec fleurs aux extrémités des axes et l'*inflorescence indéfinie* ou axillaire lorsque les fleurs naissent à l'aisselle des feuilles. La tige et les rameaux produisent alors sans cesse à leur extrémité, des bourgeons nouveaux qui développent les fleurs.

C'est ainsi que la nature comprend son rôle. Parfois, telle branche chargée de feuilles continue indéfiniment la plante par la production de nouveaux bourgeons, c'est une inflorescence indéfinie, non terminée, tandis qu'une autre branche primaire, secondaire ou tertiaire, chargée d'une fleur à son extrémité, arrête son accroissement à ce bourgeon terminal et n'en produit plus d'autres. C'est une inflorescence terminée, l'axe primaire est arrêté dans son allongement et ne se continue plus dans les axes secondaires arrêtés, eux aussi, dans leur développement.

L'inflorescence ne comporte pas seulement comme terme l'acception unique d'un arrangement de la fleur sur la tige, il comprend, en outre, l'idée d'un ensemble de fleurs non séparées par des feuilles et qui, comme dans le bouillon blanc (fig. 585), constituent un ensemble de fleurs réunies sur la cime de la plante.

Inflorescence indéfinie. — Parmi les inflorescences ayant des fleurs axillaires ou sessiles sur l'axe primaire non ramifié, on distingue plusieurs modifications qui ont reçu des noms spéciaux : ce sont l'*épi*, le *chaton*, le *spadice*, le *cône*, etc.

L'ÉPI.

Dans l'*épi*, l'axe primaire porte une série de petites écailles ou bractées dont chacune présente à son aisselle une fleur sessile; le seigle, l'orge, le plantain sont avec le blé les principaux types de cette inflorescence.

LE CHATON.

Le *chaton* (fig. 285) n'est qu'un épi avec ou sans bractées d'une série complexe de fleurs unisexuées serrées les unes sur les autres et attachées à un axe articulé qui tombe tout entier après la floraison; les saules, le chêne, le charme, le hêtre, le châtaignier, le noisetier, le peuplier en sont des exemples. La figure 9 représentant un ensemble de chatons tombant derrière une disposition de feuilles, montre l'association gracieuse que la fleur et la feuille du peuplier peuvent faire.

LE SPADICE.

Une sorte de chaton charnu dont l'axe, chargé de fleurs unisexuées, est entouré entièrement par une grande feuille ou bractée nommée spathe forme le *spadice*. Les plantes monocotylédones de la famille des aroïdées telles que l'arum, présentent cette disposition.

LE CÔNE.

Le *cône* serait encore une variété du chaton. Les fleurs femelles sont accompagnées d'écailles qui les absorbent; ligneuses, elles durcissent et se développent exagérément. Tous les conifères, le pin, le sapin, les mélèzes sont les

FIG. 278 à 286. — Inflorescences : 1. Cime bipare (silène). — 2. Fleurs éparses (lysimachia). — 3. Épi (lolium). — 4. Fleurs gemmées. — 5. Capitule (scabieuse). — 6. Chaton (saule). — 7. Grappe étalée (fumeterre). — 8. Panicule (flouve odorante). — 9. Grappe spiciforme (columma).

exemples particuliers de cette disposition, ils ont constitué la famille des conifères.

LE CAPITULE.

Un grand nombre de petites fleurs placées sur un axe commun déprimé et formant une tête globuleuse et hémisphérique, sont en *capitule*. C'est une sorte d'épi modifié et déprimé en forme de disque ayant parfois des fleurs d'une belle venue et d'un grand effet décoratif, tels le chardon, l'artichaut, la scabieuse ou le soleil qui appartiennent aux synanthérées (fig. 282).

LE PANICULE.

Une espèce d'inflorescence, qui appartient presque exclusivement aux graminées, forme une sorte de grappe aux écartements nombreux et aux formes lâchées et allongées; l'avoine, la canne, l'agrostis, le poa pratensis qui sont des exemples de cette inflorescence, sont dits en *panicule*.

LE THYRSE.

Le *thyrse* a une inflorescence en forme ovoïde, pointue au sommet et large à la base, cette disposition est due à un accroissement des parties moyennes. Les fleurs nombreuses forment une belle grappe dont le lilas est l'un des plus beaux exemples.

LE CORYMBE.

Les fleurs arrivent souvent à se développer sur une surface légèrement convexe et cependant leurs tiges qui prennent naissance sur l'axe primaire sont d'inégales longueurs. Cette disposition en *corymbe* à laquelle appartiennent le sureau, l'achillée millefeuille (fig. 289) ou le sorbier, est très répandue.

L'OMBELLE.

L'*ombelle* est l'une des inflorescences dont la disposition présente pour l'artiste le plus vif intérêt. Des rayons attachés à la même hauteur sur la tige sont disposés en verticille et portent chacun à leur extrémité un groupement aussi en verticille de petites fleurs. Leur ensemble ressemble dans une forme légèrement bombée à une ombrelle ouverte. Une famille tout entière, celle des ombellifères, est caractérisée par cette disposition.

LA GRAPPE.

La *grappe*, composée du groseillier, est disposée sur les axes secondaires de la plante, la grappe ou racemus en limite l'inflorescence (fig. 292).

Inflorescence définie. — C'est dans les familles dont les feuilles sont opposées que l'inflorescence définie est la plus fréquente et la plus régulière. C'est dans ce mode d'inflorescence que l'axe se termine par une fleur qui en arrête nécessairement le développement.

LA CIME.

On trouve généralement à la base du pédoncule terminal deux feuilles opposées, de l'aisselle desquelles naît un nouveau pédoncule qui reproduit latéralement à son tour cette première disposition. Il en résulte une série de bifurcations superposées au centre desquelles apparaît toujours une fleur terminale. Leur ensemble constitue la *cime*. (fig. 278).

Lorsque les feuilles sont opposées, la mode d'inflorescence définie est *dichotome*, il ne pousse que deux tiges et les bifurcations sont doubles, la petite centaurée est un exemple signalé par tous les botanistes, il en est de même de la stellaire et de la céraiste.

Quelquefois, l'une des deux branches de la disposition dichotome avorte, comme dans la céraiste ; le silène est le résultat d'une disposition analogue. Dans la famille des borraginées, et spécialement dans le myosotis, la grappe se roule en crosse à l'extrémité dans une inflorescence qu'on a désignée sous le nom de *cime scorpioïde*. Le résultat est un enroulement qu'on retrouve dans l'étude précédemment faite des branchements (fig. 145).

Le pédoncule, dans ces modes d'inflorescence, est généralement libre, quelquefois la feuille soudée ne se détache que vers le milieu, le pédoncule reste adhérent et semble sortir de la feuille comme pour le tilleul.

Quelquefois aussi la disposition des deux feuilles opposées est remplacée par un verticille de trois feuilles ; trois tiges poussent alors à l'aisselle de ces feuilles et la plante devient trichotome.

PÉDONCULE.

Le support de la fleur est le pédoncule. Il est simple ou ramifié. Simple, il est primaire ; ramifié, il suit l'arrangement des fleurs sur les rameaux indiqué dans les modes d'inflorescence dont il vient d'être parlé.

Par rapport à la branche qui porte les fleurs, le pédoncule est axillaire lorsqu'il naît à l'aisselle d'une feuille ou d'une bractée, terminal lorsqu'il termine le rameau. Les pédoncules peuvent affecter les dispositions des feuilles sur la tige, être opposés ou alternes. Selon le nombre de fleurs qu'ils portent, ils sont *uniflores, biflores, multiflores,*

Fig. 287 à 295. — 1. Panicule (Poa, Pratensis). — 2. Corymbe (Achillée, Millefeuille). — 3. Ombelle simple (Primula farinosa). — 4. Cime (Aspérule). — 5. Spadice Arum. — 6. Grappe (Groseillier). — 7. Ombelle composée (Bunium bulbocastanum).

Bractées.

Certaines feuilles en se rapprochant de l'extrémité de la tige deviennent de plus en plus petites; elles changent de forme et fréquemment de coloration. Elles occupent généralement la même place que les feuilles et les mêmes positions sur la branche. Elles se développent quelquefois et se colorent des tonalités les plus vives au détriment de la fleur elle-même; les sauges sont dans ce cas.

Réunies autour d'une fleur, les bractées si elles sont à la base des pédoncules primaires; sont disposées en *involucre*; elles sont en *involucelles* à la base des pédoncules secondaires.

Préfloraison.

La fleur, avant de s'épanouir, forme un bouton dans lequel les divers organes constituant la fleur ont un arrangement particulier qui, au point de vue de la coordination des plantes en familles mérite d'être considéré. Les figures idéales imaginées pour représenter des sections de la fleur, soit dans chaque pièce d'un même verticille, soit dans la position respective des verticilles, s'appellent des diagrammes.

Ces figures sont extrêmement diverses comme formes et comme dessin. Elles donnent pour la division des parties, des figures dont la coupe transversale varie à l'infini. Elles permettent de voir si les verticilles se recouvrent, par *superposition*, si les pièces sont unies sur leurs bords, par *juxtaposition*, si ces verticilles sont en *spirale*, ou *imbriqués*, ou *chiffonnés*, ou *tordus*, ou *infléchis*.

Cette préfloraison s'étend aux étamines et aux pistils; elle peut donner naissance à des observations importantes et à des caractères d'un grand intérêt pour le botaniste comme pour le dessinateur. Leur signification est précise dans le bouton, elle échappe dans la fleur épanouie.

RÉCEPTACLE DE LA FLEUR.

Le pédoncule, comme il a été indiqué précédemment, tient d'un côté à la branche et de l'autre se termine par une forme arrondie, conique ou en hémisphère déprimé, sur laquelle prennent insertion tous les organes de la fleur. C'est le *réceptacle* ou *torus*.

Il est peu marqué dans certaines plantes, comme dans le tilleul ou le ciste; d'autres fois le corps est plus ou moins allongé, il est facile de suivre alors sur cet organe la disposition en spirale des organes de la fleur. Dans les sections qu'on en peut faire, on peut apprécier la diversité des insertions florales qui sont une source nouvelle d'éléments décoratifs.

L'une des formes les plus communes du réceptacle de la fleur est celle de l'églantier. Le calice est sur le point de se transformer en fruit, les sépales vont s'atrophier et cependant il en résulte une diversité de formes dignes du crayon de l'artiste.

Fig. 296. — Motif ornemental.

FIG. 297. — Jasmin, disposition symétrique.

CHAPITRE X

ENVELOPPES FLORALES

Le Périanthe, le calice et les sépales. — Leur nombre, leur forme
La corolle et les pétales, leur nombre. — Formes diverses
de la corolle.

ENVELOPPES FLORALES OU PÉRIANTHE.

On trouve en dehors des organes sexuels de la fleur complète deux séries d'organes foliacés. Les plus extérieurs constituent le *calice*, le plus en dedans est la *corolle*.

Un grand nombre de plantes, cependant, n'ont qu'une enveloppe unique pour protéger les organes de la fécondation : le daphné, la fleur de rhubarbe, les monocotylédones, la tulipe, le lis, l'iris, la jacinthe sont dans ce cas. Le nom de l'enveloppe prend toujours dans ce cas le nom de *calice*. L'ensemble des enveloppes florales a été désigné par Linné sous le nom de *périanthe*.

LE CALICE ET LES SÉPALES.

Le *calice* est l'enveloppe extérieure de la plante, il comprend le périanthe en entier quand la fleur n'a pas de corolle. Un nombre variable de folioles le composent; on les désigne sous le nom de *sépales*.

Si les sépales ne sont pas soudés ensemble, le calice est *polysépale* (ellébore, fig. 299). Il prend le nom de *gamosépale*, s'ils sont réunis sur une étendue plus ou moins grande, la stellaire (fig. 304).

Les fig. 298 à 333 représentent un certain nombre de forme des calices et d'ovaires. Est-ce au milieu de ces formes les plus diverses ou bien dans l'immense variété des autres éléments végétaux que les silhouettes des vases ont été trouvées? Ce qui est certain, c'est qu'elles peuvent aisément les faire naître.

NOMBRE DES SÉPALES.

Le nombre variable des sépales dans une plante polysépale fait donner le nom de *disépale* au pavot, *trisépale* à la ficaire, *tétrasépale* aux crucifères, *pentasépale* aux fleurs à cinq pétales comme le lin, la renoncule. Ces sépales peuvent, comme les feuilles, être aigus, obtus, lancéolés, cordiformes, etc., selon leur forme.

Les sépales du calice gamosépale sont soudés dans des conditions différentes, soit à la base, soit jusqu'à la moitié inférieure des sépales, soit dans leur entier. Elles prennent ainsi différents noms. Les différentes parties du calice soudé sont : l'inférieure, le *tube*; la lèvre prend le nom de *limbe*; la gorge les sépare. Le tube peut être *cylindrique, comprimé, anguleux, court, long*, et le limbe, suivant ses incisions, *bidenté, bifide, entier, dressé, étalé*.

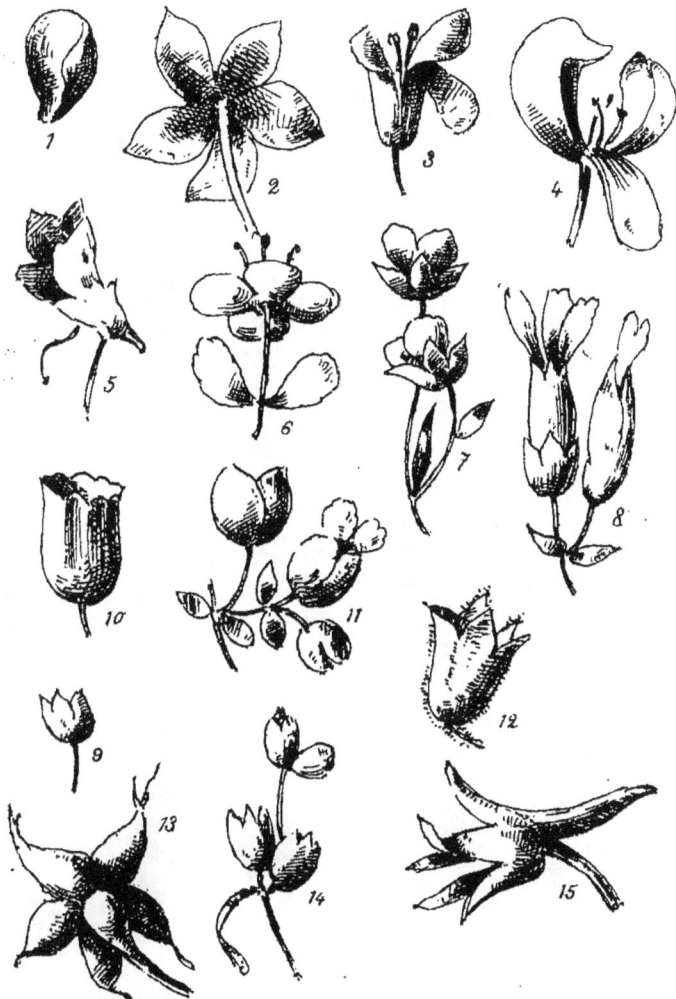

FIG. 298 à 312. — Calices : 1. Sépale isolé. — 2. Polysépale (ellébore).
— 3. Radis sauvage. — 4. Polysep irrégulier (aconit). — 5. Éperonné
(pied d'alouette). — 6. Polys-pétaloïde (bouton d'or). — 7. Gamosépale
(stellaire). — 8. OEillet. — 9. Gamosépale irrégulier (faux acacia). —
10. Campanulé (jusquiame). — 11. Vésiculeux (silène enflé). — 12. Étalé
(bourrache). — 13. Bilabié (salvia). — 14. Éperonné (capucine). —
15. Adhérent à l'ovaire (rosée).

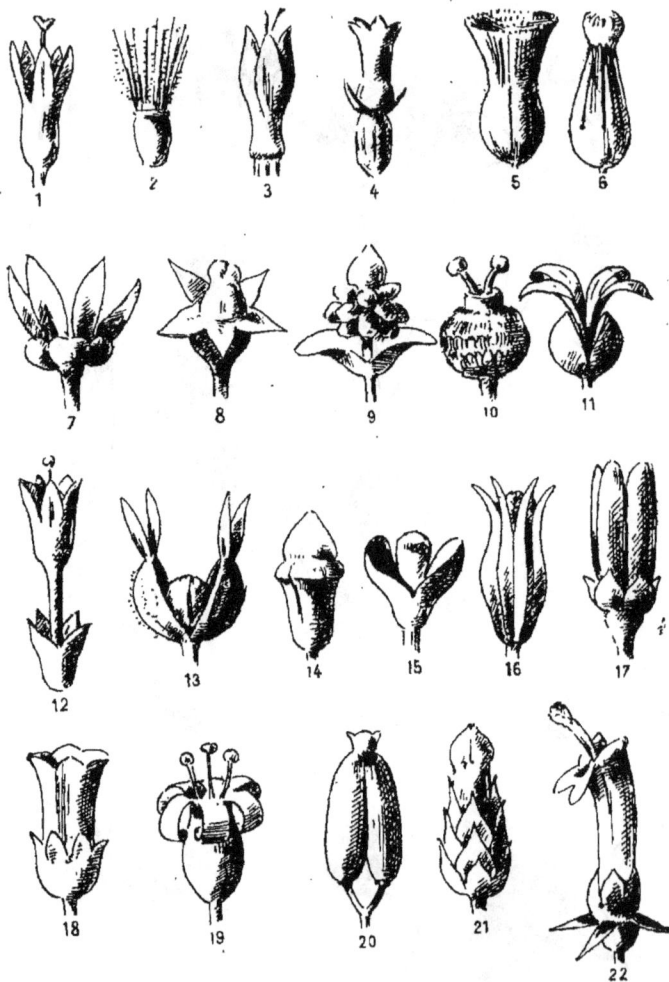

FIG. 542 à 333. — Calices et ovaires de diverses fleurs : 1. Bleuet. 2. Chardon. — 3. Chrysanthème. — 4. Hélianthe. — 5. Scabieuse. 6. Centranthe. — 7. Campanule. — 8. Sureau. — 9. Chèvrefeuille. 10. Gaillet. — 11. Garance. — 12. Calycéa. — 13. Stylidie. — 14. Lobelia. — 15. Brunonia. — 16. Goodénia. — 17. Campanule. — 18. Volubilis. — 19. Cordia. — 20. Quinquina. — 21. Épœcus. — 22. Centrepogon.

Le calice gamosépale varie à l'infini : il est tubuleux comme la primevère; cylindrique, anguleux, étalé, court et en cupule comme pour l'oranger; vésiculeux, comme le silène ou se prolonge avec un éperon creux, comme dans la capucine.

Le calice est herbacé quand il conserve sa couleur verte, *pétaloïde* s'il a une couleur analogue à celle des pétales.

Les pétales arrangés symétriquement entre eux sont réguliers, la bourrache, la giroflée (fig. 554 à 559), le lychnis; s'il y a irrégularité et inégalité de symétrie, le calice est irrégulier. Les divisions du limbe se réduisent souvent à un simple fil plus ou moins raide. Dans beaucoup de scabieuses, ces fils réunis circulairement forment une aigrette qu'on retrouve dans les chardons, les pissen-lits et dans la famille des Synanthérées. Cette aigrette, est *poilue* ou *plumeuse* suivant qu'il y a des barbilles ou non sur ces poils.

La corolle et les pétales.

Corolle. — Dans le périanthe double la *corolle* est l'en-veloppe intérieure. Elle n'existe que dans les plantes dico-tylédones. Les feuilles transformées qui les constituent ont de brillantes couleurs, belles et harmonieuses qui prennent le nom de *pétales.*

La partie inférieure du pétale qui s'attache au récep-tacle est l'*onglet*; la partie supérieure un peu dilatée est la *lame.*

Comme pour les sépales, les pétales peuvent être soudés ou non; la corolle est alors *polypétale* quand les pièces sont libres et non soudées; elle est gamopétale lorsque ces pièces forment un tout continu.

Elle est régulière ou irrégulière selon que les parties sont semblables, symétriques ou non.

Fugace ou *caduque*, la corolle tombe après s'être épanouie; elle est *décidue* si elle dure jusqu'après la fécondation.

NOMBRE DE PÉTALES.

Corolle polypétale. — Le nombre des pétales varie. Suivant le nombre, elle prend le nom de *dipétale, tripétale, tétrapétale, pentapétale* (circée, œillet), etc.

Les formes de pétales sont aussi très différentes : elles suivent presque les formes des feuilles dont elles sont une transformation, et en général s'ils sont plans et membraneux, creux, concaves ou incurvés, ils sont aussi parfois de forme bizarre : le capuchon de l'aconit, le cornet de l'ellébore, l'éperon du pied d'alouette échappent aux formes habituelles.

Les pétales qui, dans leur apparence, se rapprochent de la structure apparente de la feuille, ont aussi des vaisseaux ramifiés, des nervures et des veines. Leur modification est surtout pour la couleur due, à un liquide dont les teintes sont diverses et qui s'épanche dans le tissu composé d'un parenchyme contenant des grains de fécule qui se colorent aussi quelquefois.

La corolle prend les formes les plus variées. Voici qu'elles sont les principales :

COROLLE RÉGULIÈRE.

Cruciforme. — Quatre pétales à onglet opposés à leur base, disposés en croix, le chou, la giroflée (fig. 334), le cresson.

Rosacée. — Cinq pétales à onglet à la base étalés en

FIG. 354 à 359. — Giroflée : Pétales arrangés symétriquement. — Réguliers. — Fleurs et fruit. — Détail d'ornementation appliquée.

rosace, la rose, la ronce, le poirier, le cerisier, le pommier.

Caryophyllée.— Cinq pétales à onglet long, contenus dans
un calice long et tubuleux, l'œillet, le silène.

COROLLE IRRÉGULIÈRE POLYPÉTALE. — Est irrégulière à
différents degrés elle prend le nom *d'anomale.* La capucine, le pélargonium, la violette sont anomales.

Une seule forme fait exception au nom d'anomale, ce
sont les *papilionacées.* Leur corolle a cinq pétales dissemblables et inégaux. Le supérieur qui est le plus grand
prend le nom d'étendard, deux latéraux semblables sont
les ailes, et le fond, composé de deux autres pétales parfois soudés constitue la carène. La plupart des légumineuses sont papilionacées : le pois, la fève, l'acacia, le haricot.

COROLLE GAMOPÉTALE.

Elle est formée par un nombre variable de pétales
soudés ensemble à des hauteurs qui varient : à la base
seulement, aux deux tiers ou sur la hauteur totale. Autant
il y a de lobes découpés sur le limbe autant il y a de
pétales.

Trois parties se distinguent dans une corolle gamopétale ou soudée : 1° le *tube* à la partie inférieure, 2° le
limbe à la partie supérieure, 3° la *gorge* à la séparation des
deux formes précédentes. Chacune de ces trois parties
présente une foule de caractères, le tube est *long, renflé,
cylindrique, grêle, anguleux;* le limbe est *plan, concave,
convexe,* et les lobes *aigus, obtus, arrondis, lancéolés, cordiformes, cunéiformes, ovales,* etc.

COROLLE RÉGULIÈRE GAMOPÉTALE.

1° *Campanulée*, pas de tube, la forme est évasée en forme de cloche : le liseron, la raiponce, le jalap (forme en U) (fig. 561).

2° *Infundibuliforme*, le tube est étroit en bas puis se dilate en forme d'entonnoir (forme en V). Les Synanthérées, chardons et artichauts, le bleuet se rapportent à cette forme. La corolle est régulière, tubuleuse et chaque pétale est un fleuron.

3° *Hypocratériforme*, tube long, étroit; le limbe étalé à plat comme dans les formes des vases antiques : le lilas, le jasmin, la gentiane (fig. 562).

4° *Rotacée*, tube très court limbe étalé largement comme dans la bourrache, dont la fleur ressemble à une roue.

Le caille-lait est en étoile (stellata), c'est une simple rotacée.

5° *Urcéolée*, en forme d'outre étranglée à la partie supérieure, renflée au milieu : les bruyères.

COROLLE IRRÉGULIÈRE GAMO PÉTALE.

Elle porte différents noms :

1° *Bilabiée*, elle a deux limbes traversés et qui forment deux lèvres : l'une inférieure, l'autre supérieure. Plusieurs familles ont cette disposition, les labiées en ont tiré leur nom, il en est de même des acanthées, des bégonias, du thym, de la mélisse, de la sauge, du romarin.

2° *Les personnées*, ont une sorte de masque. Le tube est plus ou moins allongé, la gorge dilatée est close par le rapprochement des lobes du limbe qui ressemble à peu

FIG. 339 à 355. — Corolle : 1. Pétale à onglet (œillet). — 2. A onglet-court (renoncule). — 3. Corolle rosacée. — Corolle cruciforme (giroflée). — 5. Papilionacée (faux acacia). — 6. Anomale (violette). — 7. — Gamopétale multifide (campanule). — 8. Hypocratériforme (gentiane). — 9. Infundibuliforme (tabac). — 10. Ligulée (souci). — 11 et 12. Rotacée (sureau). — 16. Anomale (chèvrefeuille). — 15. Labiée. — 14. Anomale (stylidie). — 15. Éperonnée (dauphinelle).

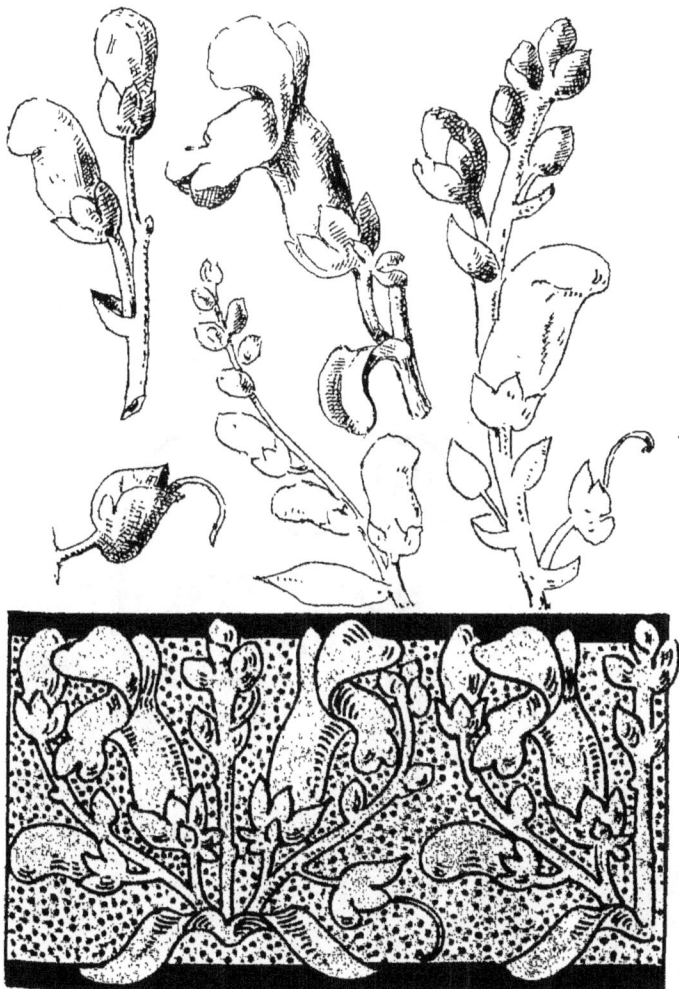

FIG. 554 à 559. — Muflier. Détails divers servant à la décoration d'une bordure avec motif symétrique répété.

près au mufle d'un animal. La Linaire, le muflier, sont personnés (fig. 370 à 375).

5° *Les corolles gamopétales*, prennent le nom d'anomales quand on ne peut les classer dans les formes précédentes. La corolle de la digitale qui offre la forme d'un doigt de gant, les lobelia, la stylidie ont des corolles anomales irrégulières. Ces dispositions se constatent dans les dessins (fig. 560 à 566) réunissant non seulement les éléments de la digitale mais encore leur application décorative à un fond circulaire.

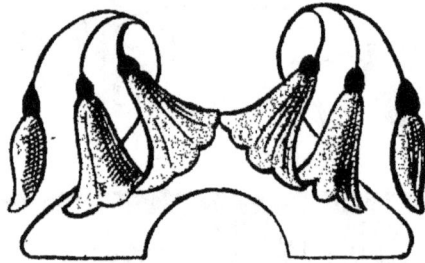

Fig. 560. — Corolle gamopétale du liseron.

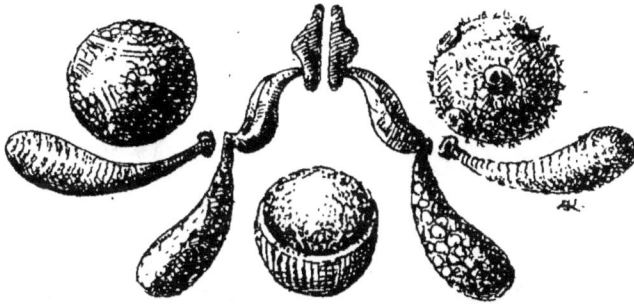

FIG. 301. — Pollen en masse et grains de pollen
considérablement agrandis.

CHAPITRE XI

ORGANES DE LA REPRODUCTION

L'androcée et les étamines, leur nombre.
L'anthère, le pollen, le gynécée, les carpelles, l'ovaire, le pistil,
le style, le stigmate, le disque.

L'ANDROCÉE ET LES ÉTAMINES.

Le troisième verticille dans une plante complète est *l'androcée*. Il constitue l'ensemble des organes mâles de la plante ou *étamines*, tantôt libres tantôt soudées.

Les étamines contiennent le *pollen* qui assure la fécondation de la plante.

Chaque étamine se compose de trois parties : 1° une supérieure nommée *anthère* espèce de sac formant en général deux glandes ou deux loges contenant le pollen;

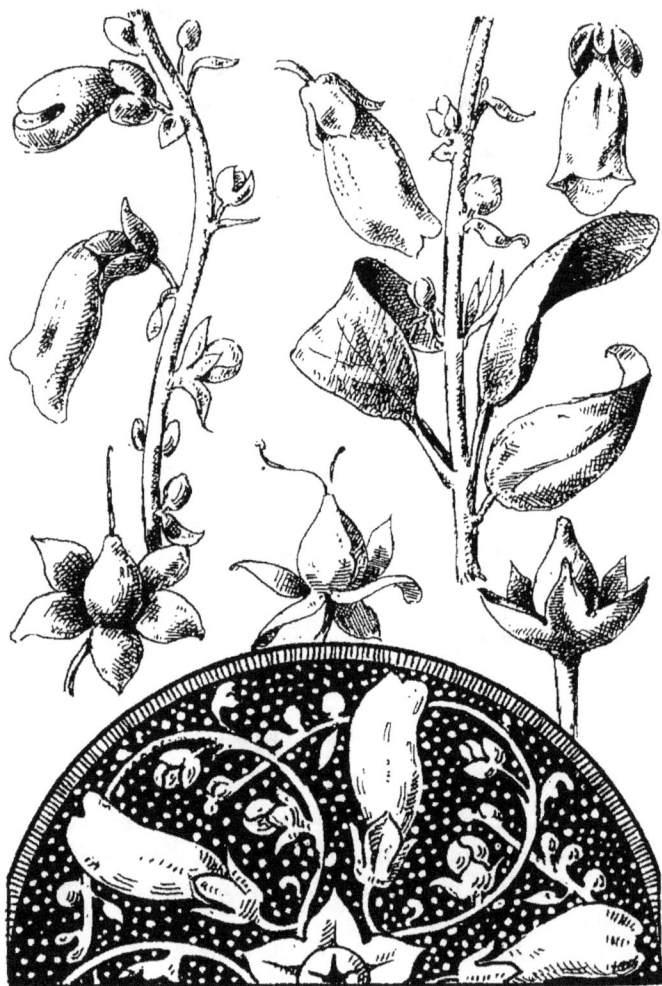

Fig. 562 à 366. — Digitale. Détails et décoration d'un fond circulaire.

2° le *pollen* composé de grains très fins sous l'aspect de grains de poussière distincts et quelquefois soudés en masse (fig. 561) ; 5° du *filet* qui supporte l'anthère.

NOMBRE DES ÉTAMINES.

Le nombre des étamines varie, la valériane rouge n'en a qu'une et dans une fleur de pavot on peut en compter comme dans le passiflore, plusieurs centaines. Ce nombre ne correspond pas toujours à celui des pétales, du reste passé dix étamines, il n'existe plus de régularité.

Leur mesure proportionnelle non plus n'est pas toujours régulière, elles peuvent avoir des longueurs égales et être aussi très fréquemment inégales, dans les oxalis elles alternent de mesure.

Relativement aux pétales et aux sépales les étamines ont une situation qui mérite d'être observée. Lorsqu'elles sont placées devant les vides des pétales, elles sont *alternes*, en face du lobe du pétale elles prennent le nom d'opposées.

Les étamines, comme toutes les enveloppes extérieures peuvent être libres, ou réunies par leur filet, elles peuvent être soudées par leurs anthères et tout à la fois par leur filet. Si elles se soudent avec la corolle, elles se confondent avec elle et engendrent des fleurs d'une seule pièce ; les corolles tubuleuses des convolvulacées, des borraginées, des campanulacées, des solanées sont dans ce cas. Voir l'exemple de la morelle tuberosum ou pomme de terre, les détails représentent la corolle tubuleuse, avec pétales soudés (fig. 585 à 589).

Le *filet* des étamines varie beaucoup, quelques-uns ont l'épaisseur d'un cheveu (le blé et les graminées), d'autres sont épais, dilatés, cylindriques ou élargis en forme de pétale.

Fig. 367 à 382. — Etamines. 1, 2, 3, 4, 5, 6. Diverses formes. — 7. Bourrache. — 8. Fritillaire. — 9. Polyandre. — 10. Primulœ. — 11. Laurium. — 12. Lupin blanc. — 13. Millepertuis. — 14. Myrtille. — 15. Loge ouverte. — 16. Laurier.

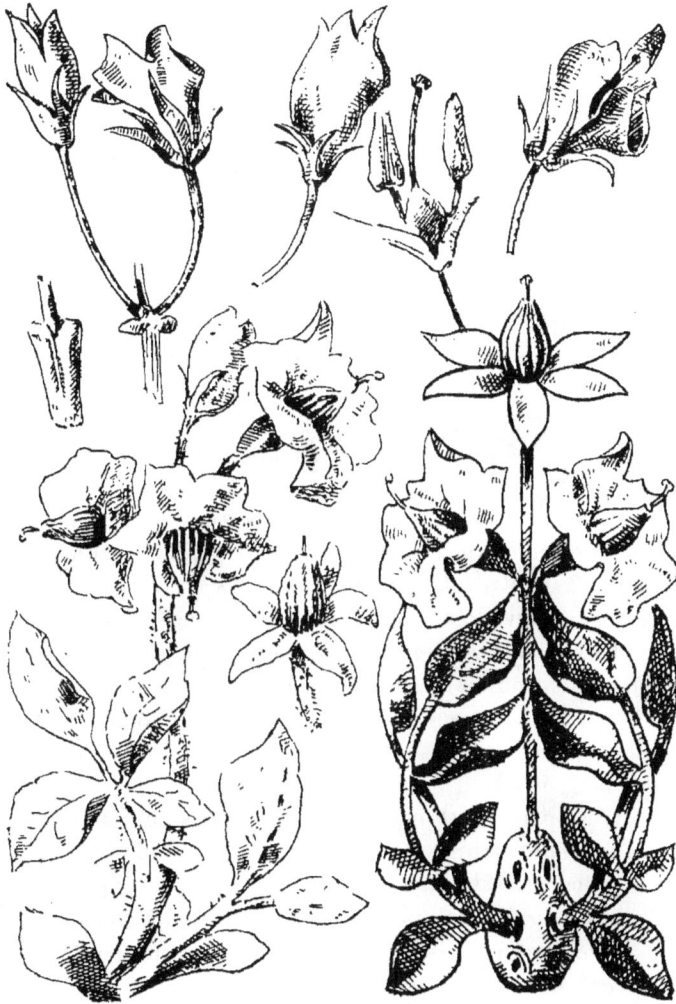

Fig. 585 à 589. — Morelle tuberosum (Pomme de terre). — Ensemble
et détails de la fleur. — Application décorative à un ornement symétrique.

Le filet a une grande analogie avec le pétale de la plante. Les belles fleurs de la rose, des œillets et des pivoines, des chrysanthèmes ne doivent leurs nombreux pétales qu'à la transformation des étamines, les anthères ayant avorté et les filets s'étant élargis. La fleur du Nymphœa alba présente admirablement cette disposition.

Le filet peut se souder à d'autres filets sur une certaine étendue de la hauteur, de façon à former un ou plusieurs corps qu'on appelle *androphores*. Dans la mauve ou la rose trémière tous les filets forment un seul androphore tubuleux.

L'ANTHÈRE.

Les poches de l'anthère qui s'ouvrent au moment de la fécondation pour laisser sortir le pollen sont adossées l'une à l'autre et réunies sur leurs côtés par un corps intermédiaire le *connectif* (fig. 581). Dans l'immense majorité des cas ces loges sont au nombre de deux exceptionnellement on en compte une ou quatre.

Les anthères sont très variables dans leurs formes elles sont plus ou moins *allongées, ovoïdes, globuleuses, cordiformes*, etc.

C'est par l'écartement des deux bords de l'anthère, que se fait l'ouverture ou *déhiscence* de la loge d'où s'échappe le pollen. Ces loges s'ouvrent par toute la longueur d'un sillon longitudinal qu'on remarque sur leur face.

Quelquefois la déhiscence se fait par une petite ouverture, ou par des valves comme pour les lauriers, ou l'épine-vinette.

Si toutes les anthères sont soudées elles forment un

tube, elles sont alors *synanthérées*. C'est la disposition de la plus vaste famille du règne végétal, la famille des synanthérées qui comprend le pissenlit, l'artichaut, les chardons.

Dans les orchidées, les étamines de l'androcée et le pistil du gynécée sont soudés ensemble, ils se confondent et forment un corps unique en forme de colonne.

LE POLLEN.

Le *pollen* contenu dans les anthères est généralement constitué de granules en poudre souvent de couleur jaune. Quelquefois ces grains se soudent et forment des pollens en grappe ou en masse. La forme des utricules de pollens varie, elle est le plus généralement en boule comme dans la mauve, les campanules, ou les synanthérées.

Le volume est excessivement petit, il est difficile même au microscope d'en discerner nettement la forme. Les utricules polliniques les plus grands sont ceux de la belle de nuit qui ont environ les trois vingtièmes d'un millimètre. Dans la betterave, c'est tout l'opposé, le diamètre d'un grain de pollen n'est que d'un vingt millième de millimètre.

Chaque grain est enveloppé par une membrane peu extensible. Au dedans la membrane extérieure est très souple, elle contient un liquide pâteux nommé *fovilla* qui réunit une grande quantité de corpuscules, doués de mouvements très divers.

Placé sur une surface humide, le grain de pollen ne tarde pas à se gonfler, la membrane extérieure se déchire, celle intérieure s'étend et sort à travers les ouvertures des tubes remplis de fovilla.

LE GYNÉCÉE ET LES CARPELLES.

Les carpelles, organes femelles des fleurs forment le quatrième verticille le plus central de la fleur. On distingue 5 parties dans un carpelle : 1° l'*ovaire*, 2° le *style*, 3° le *stigmate*, 4° les *ovules*, 5° le *trophosperme*.

Les carpelles comme les autres organes de la fleur peuvent se souder ensemble par une portion plus ou moins considérable. La soudure peut se faire par le le style, l'ovaire ou le stigmate et il en résulte un corps unique qui prend le nom de *pistil*, réunissant par conséquent tous les carpelles. Une section en travers permet de compter par le nombre de ses divisions le nombre de ses carpelles, il est alors *biloculaire*, *triloculaire*, *multiloculaire*. Quelquefois cependant la soudure ne produit qu'un ovaire uniloculaire dû à l'avortement des cloisons ou aux feuilles carpellaires.

La pivoine, l'aconit conservent des carpelles distincts les uns des autres, ils sont régulièrement placés; dans le fraisier, la renoncule, ils sont sans ordre.

L'OVAIRE.

L'ovaire est la partie inférieure du carpelle ou pistil, il offre une cavité ou loge qui contient les *ovules*.

Sa forme varie à l'infini, il est *globuleux, ovoïde, allongé* ou *linéaire* dans son état simple lorsqu'il n'est pas soudé.

En général, l'ovaire est *libre* sur le réceptacle, il est sans adhérence avec le calice et avec les enveloppes florales.

La situation de l'ovaire relativement au calice, varie, il présente trois positions. 1° *libre* et *supère* sans connection avec le calice, 2° *adhérent* ou *infère* lorsqu'il est soudé avec

Fig. 590 à 592. — Épine-vinette ou herbe aux gueux. — Décoration japonaise.

le tube du calice, 5° *pariétal* lorsqu'il est attaché par sa base à la face interne du calice.

Soudés ensemble les carpelles forment dans la grande majorité des cas un ovaire à plusieurs loges, les *cloisons*, les séparent, elles se réunissent vers le centre et se soudent. C'est sur ces feuilles carpellaires que s'attachent les ovules qui sont eux-mêmes insérés sur un corps spécial le *trophosperme*. Placés au centre, ils sont *axiles*, mais si les cloisons ne se soudent pas, les ovules s'attachent à la partie pariétale de cette cloison et deviennent *pariétaux*.

LE STYLE.

Le style est le corps filamenteux surmontant l'ovaire et qui se termine par le *stigmate*; quand le style manque le stigmate est sessile.

Dans les carpelles simples, le style est simple et sans divisions, dans les carpelles composés, les styles restent distincts les uns des autres tout en se soudant à des hauteurs variables mais constantes pour chaque espèce.

Dans le plus grand nombre des cas, le style est placé au sommet du carpelle, il est *terminal*. Placé sur le côté, il est *latéral*.

Le style est habituellement filamenteux, il peut cependant quelquefois être plus épais et devient *triangulaire*, *cylindrique* ou *dilaté*.

Quand la fleur a été fécondée le style se fane et tombe, il est *caduc*. Quelquefois il est *persistant* et prend, comme dans la clématite, un plus grand développement, sous l'aspect d'une queue soyeuse et plumeuse, terminée en crochet. Ces fleurs réunies en masse, garnissent les haies, s'étendent et sont durables.

LE STIGMATE.

Le stigmate est un corps glandulaire placé au sommet du style. Il est simple lorsqu'il est placé sur un carpelle unique ; composé, il y a autant de stigmates que de carpelles.

Tantôt ils se soudent en même temps que les styles tantôt au contraire, ils ne se soudent qu'en partie. Il en résulte une série de lobes ou de divisions plus ou moins incisées qui le rendent bilobé, trilobé, quadrilobé, etc.

La forme du stigmate composé est extrêmement variable, sphérique ou globuleux, déprimé, *hémisphérique*, *aplati*, *allongé*, lisse ou soyeux, avec des papilles saillantes, garnis de poils simples ou rameux et de glandes aussi parfois, tels sont les nombreux aspects du stigmate irrégulier et couvert en général de matière visqueuse plus abondante au moment de la fécondation.

Les carpelles comme les étamines sont des feuilles modifiées et prêtes à s'accommoder aux fonctions qu'elles sont appelées à remplir. Leur conformation est semblable à celle de la feuille, lorsque le bouton de fleurs est réduit à de petites dimensions, les carpelles se présentent avec de petites cupules qui s'allongent et se développent. Dans un pistil composé, les choses se passent à peu près de la même façon. La partie centrale de la plante se relève et grossit, se renfle et s'allonge en continuant l'axe de la fleur.

LE DISQUE.

C'est un corps charnu qui, indépendamment des quatre verticilles, se rencontre dans un certain nombre de fleurs. Il est placé, soit sous l'ovaire et sur le réceptacle, soit au fond du calice, soit enfin au sommet de l'ovaire, si celui-ci est adhérent au tube du calice.

Le disque n'existe pas toujours; quand il existe, il con-constitue un nouveau verticille qui compte dans la symé-trie de la fleur. On peut le considérer comme interposé entre les étamines et les carpelles avec lesquels il alterne.

Toutes les fois qu'il y a un disque, sa position déter-mine l'insertion des étamines.

Il y a trois modes d'insertion :

1° L'insertion *hypogynique* quand les étamines sont insé-rées sous l'ovaire libre et supère.

2° L'insertion *périgynique* quand les étamines sont atta-chées au calice lui-même.

5° L'insertion *épigynique* qui place les étamines au-des-sus de l'ovaire qui est infère.

Fig. 595. — Motif ornemental.

Fig. 594. — Fruit du marronnier d'Inde, déhiscence du fruit.

CHAPITRE XII

LE FRUIT

La fleur se fane, le fruit se forme. — Diverses sortes de fruits.
Parties constituantes du fruit : le péricarpe et les graines.
Le fruit comestible. — Classification des fruits.

LA FLEUR SE FANE.

Lorsque la fécondation s'est opérée, la plante se transforme, une série de changements s'opèrent, certaines parties commencent à disparaître, d'autres, dans une nouvelle viabilité vont produire le fruit. La fleur perd son
aspect riant et son bel éclat, les pétales se fanent et tombent, les étamines se dégradent, le pistil reste seul conser-
vant sa place au milieu de la fleur. Puis il ne reste plus
que l'ovaire qui fera croître et se perfectionner les rudi-
ments de la future plante. La tulipe prise comme exemple
montre la fleur fanée, et l'ovaire qui se dégage des pétales
(fig. 595 à 598.)

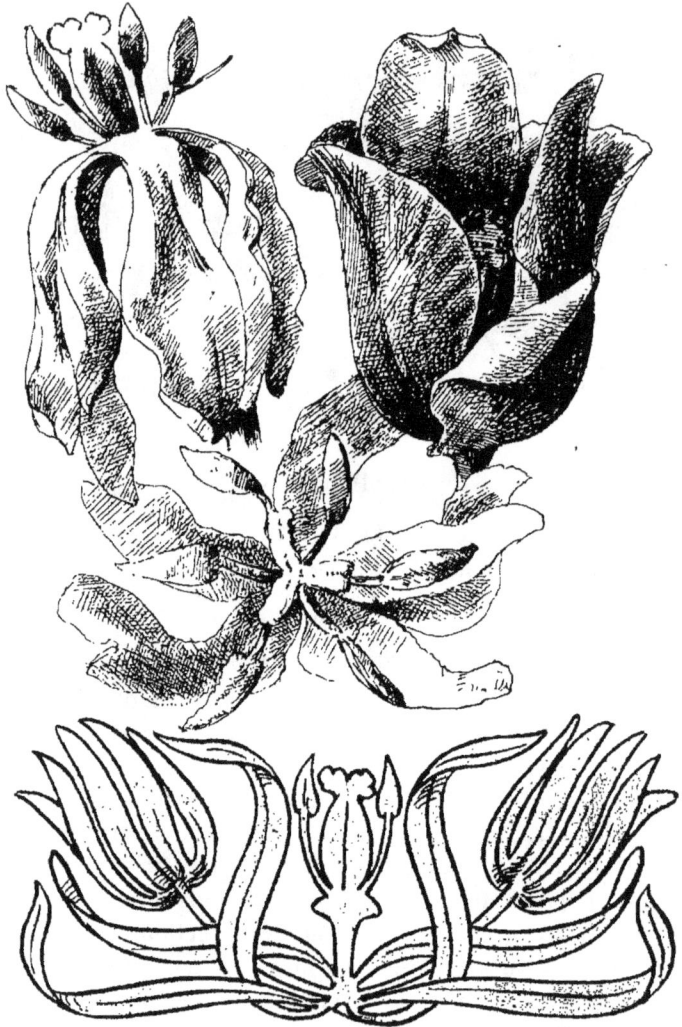

Fig. 595 à 598. — La tulipe. — Fleur fanée, fleur épanouie, détail du
pistil et des étamines. — Ornementation symétrique.

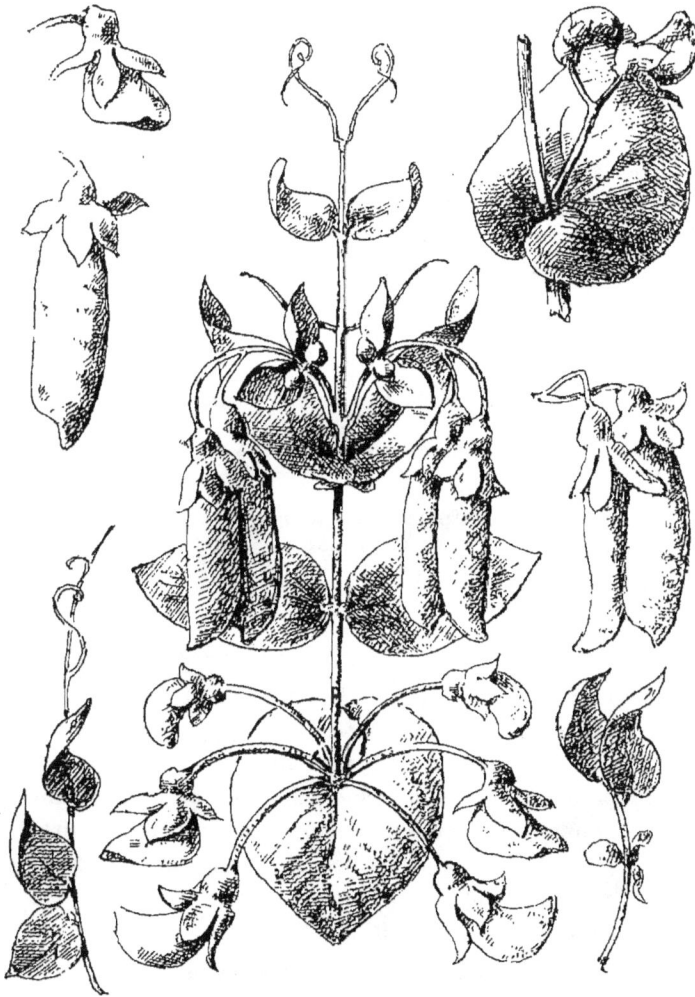

FIG. 399 à 405. — Pois commun. — Étude de détails. —
Leur application à un motif symétrique.

Le fruit est formé.

L'ovaire continue à s'accroître et constitue le fruit, les ovules se convertissent en graines, ils contiennent un embryon propre à reproduire de nouveaux individus.

Certaines plantes qui réunissent sur un réceptacle commun un grand nombre de fleurs, peuvent former une sorte d'agrégation de fruits soudés ensemble comme le cône des pins, la figue, la mûre, etc., ce sont les *fruits composés*. Les *fruits simples* ne sont formés que par un seul carpelle, comme la cerise.

Diverses sortes de fruits.

On distingue quatre sortes de fruits : 1º les fruits simples ou *apocarpés* ;

2º les fruits multiples ou *polycarpés* ;

3º les fruits soudés ou *syncarpés* ;

4º les fruits composés ou *synanthocarpés*.

Parties constituant le fruit : péricarpe et graines.

Deux parties constituent le fruit : le *péricarpe* qui est formé par la paroi de l'ovaire, et les *graines* qui sont des ovules fécondés et embryonnaires.

Le péricarpe donne la forme extérieure au fruit. Il existe constamment, puisqu'il est formé des parois de l'ovaire, il est quelquefois à peine visible, et comme dans les graminées, se confond avec la graine, les premiers botanistes les appelaient les graines nues.

Le péricarpe conserve souvent les restes du style ou du stigmate, lorsque le fruit parvient à sa maturité, c'est souvent à son sommet qu'on les retrouve.

LE FRUIT COMESTIBLE.

Le péricarpe composé de deux feuilles d'épiderme contient une couche cellulo-vasculaire ou sarcocarpe qui constitue la partie comestible du fruit.

Ces deux feuilles ou membranes sont, la première : l'*épicarpe*, simple membrane qu'on enlève ordinairement ou qu'on appelle communément pelure.

La seconde : l'*endocarpe*, qui forme le noyau dans la pêche, la prune ou la cerise, est ordinairement mince et membraneuse comme dans le pois. Les fig. 399 à 405 donnent un ensemble décoratif et des détails représentant le pois commun. Nous espérons prouver que tous les détails dans la nature peuvent se prêter à une application ornementale.

Le *sarcocarpe* ou *mésocarpe* constitue la pulpe ou chair du fruit, la poire, la pomme, la pêche, le melon, ont le sarcocarpe très développé. Le sarcocarpe est quelquefois très mince, il forme une gousse semblable à la gousse du pois ou au fruit de la giroflée nommé silique.

Dans l'immense majorité des fruits, les *fruits charnus* ont la pulpe formée par le sarcocarpe ; quelquefois, elle a une autre origine quand elle est formée par l'ovaire adhérent au calice, comme dans les mûres, les roses et l'ananas, soit avec des *écailles* qui deviennent charnues comme le genévrier, soit enfin par un *réceptacle commun*, comme dans la figue, par exemple.

Le fruit simple *uniloculaire*, n'a pas de cloisons, tout le péricarpe provient d'un seul carpelle, comme les poires, les pommes, etc.

Le fruit du tabac est *biloculaire*. Celui de la tulipe, triloculaire, etc.

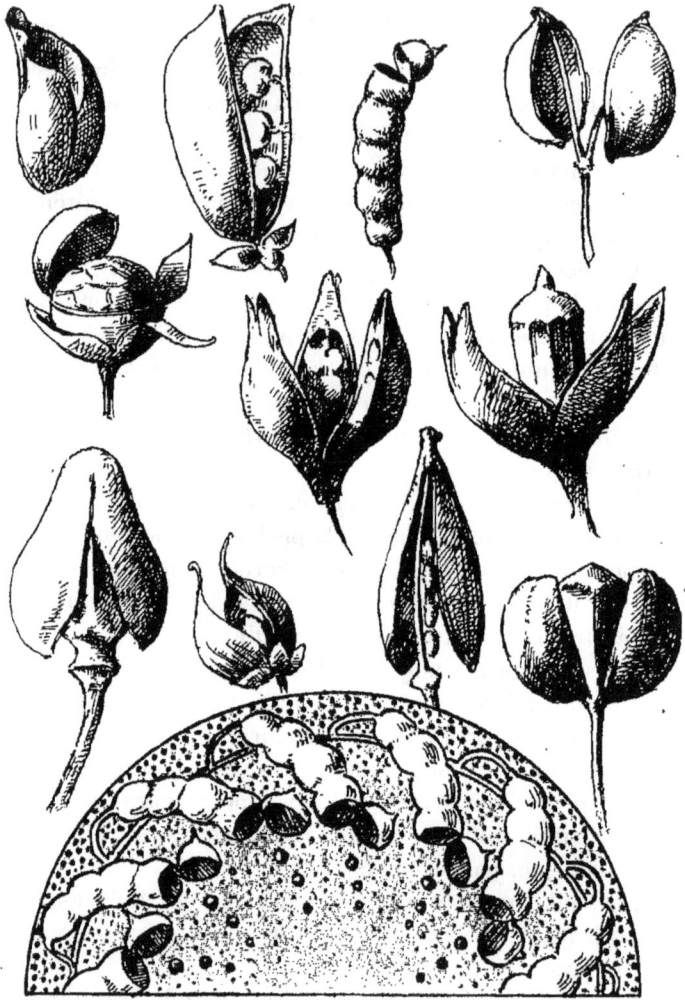

Fig. 406 à 417. — Déhiscence du fruit, diverses formes : elléhore,
pois, sainfoin, ombellifère, pyxide, cèdre, acajou, scrofulaire, silique;
application décorative du sainfoin à une surface circulaire.

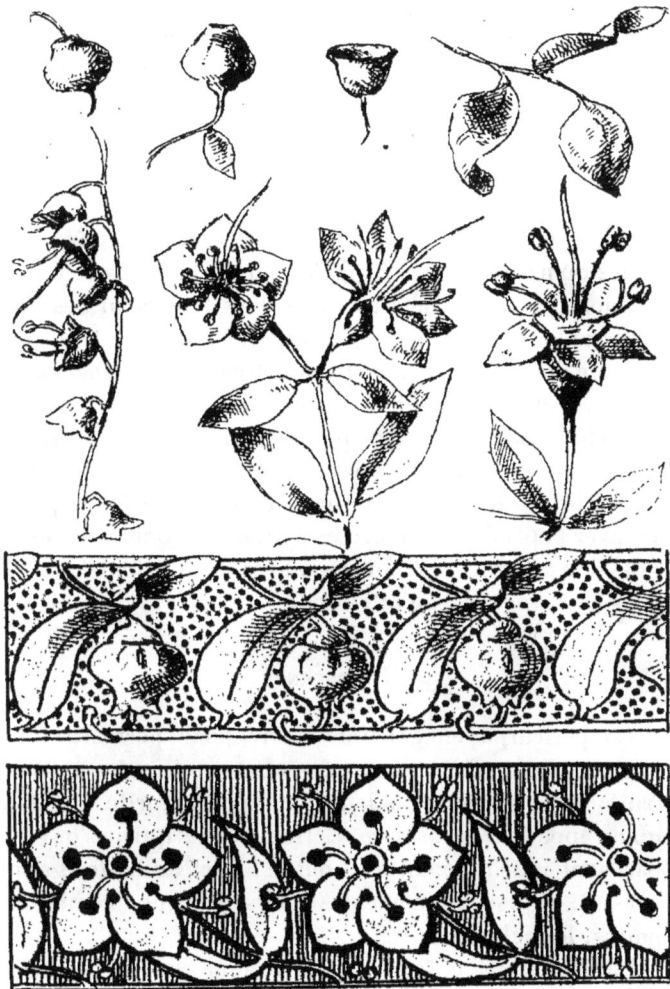

FIG. 418 à 424. — Myrtille. — Étude de détails. — Application décorative, alternance et répétition.

Il s'opère fréquemment des changements entre le moment de la fécondation et celui de la maturité du fruit. Certaines cloisons disparaissent et le fruit peut redevenir uniloculaire.

Fruits a cloisons, les graines.

Dans les fruits *multiloculaires* ou *pluriloculaires*, les loges du péricarpe sont séparées par des cloisons complètes ou non, vraies ou fausses, c'est dans l'intérieur des loges que sont contenues les graines attachées sur le *trophosperme* dont il a été précédemment parlé, les attaches sont diverses et correspondent à celles de la fleur.

L'étude de ces diverses positions de la graine est fort intéressante au point de vue de la classification des plantes, mais elle n'intéresse que de loin le dessinateur, qui peut y trouver cependant des formes d'attaches comme celle des pois dans la gousse et divers autres détails dont la forme originale appelle son attention.

Déhiscence.

Le péricarpe en général s'ouvre pour permettre aux graines de sortir et de se répandre sur le sol, quand les fruits sont parvenus à leur extrême maturité. C'est ce qu'on appelle la *déhiscence*. Certains fruits qui ne s'ouvrent pas sont indéhiscents, tels sont le blé, et toutes les graminées. Il en est de même des fruits charnus, comme les poires, le melon, etc.

La déhiscence différente pour chaque espèce de fruit se fait en général au moyen de pièces ou panneaux appelés valves qui se séparent des parois du péricarpe, la déhis-

cence des ombellifères est l'une des plus originales
(fig. 409).

Le péricarpe présente souvent des lignes longitudinales
qu'on appelle *sutures* dorsale ou ventrale pour la
gousse, lorsqu'il y a un certain nombre de carpelles réunis,
les nouvelles lignes formées sont des sutures pariétales.

De chacune de ces dispositions du péricarpe naît une
déhiscence particulière qui est selon les cas septicide, locu-
licide, septifrage, denticide, pyxide ou poricide, désigna-
tions qui ne peuvent intéresser que le botaniste.

Si cependant, le dessinateur veut y trouver des formes,
il sera étonné du charme et du caractère gracieux que
possèdent quelques-unes de ces formes. On se contente trop,
par habitude, de ne dessiner la plante que sous ses aspects
traditionnels, lorsqu'il serait au contraire facile de posséder des éléments difficiles à inventer, mais faciles à
recueillir.

Nous n'appelons l'attention du lecteur que sur la déhiscence du fruit du sainfoin (fig. 408), et sur la pyxide ou
couvercle du mouron rouge.

On ne peut nier la grande originalité de la nature
devant ce très petit élément floral.

CLASSIFICATION DU FRUIT.

La classification des fruits est considérée par le botaniste comme étant de première importance. Le dessinateur
recherche les formes nombreuses que présente le fruit, il
appréciera lui-même tout l'intérêt de cette classification.

Le fruit, comme la fleur, présente les dispositions les
plus diverses, comparer la petite samare de l'orme que le
vent emporte, à un gros ananas, c'est comparer le gland à

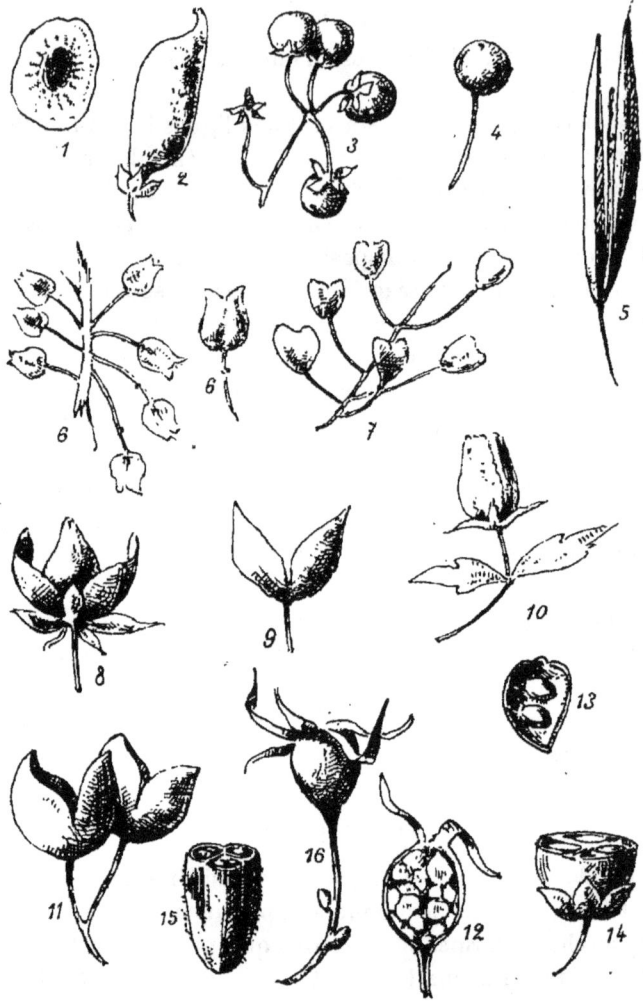

FIG. 425 à 440. — Fruits : 1. Samare (orme). — 2. Gousse (vesce cultivée). — 3. Baie (morelle). — 4. Carcerules (tilleul). — 5. Silique (moutarde des champs). — 6. Silicule (iberis). — 7. Silicule triangulaire (bourse à pasteur). — 8. Capsule multiloculaire (lin). — 9. Capsule biloculaire. — 10. Capsule uniloculaire. — 11. Follicules distincts (ellébore). — 12. Fruit de l'églantier et section — 13. Fruit coupé de l'arum. — 14. Fruit de l'asperge. — 15. Fruit du lin.

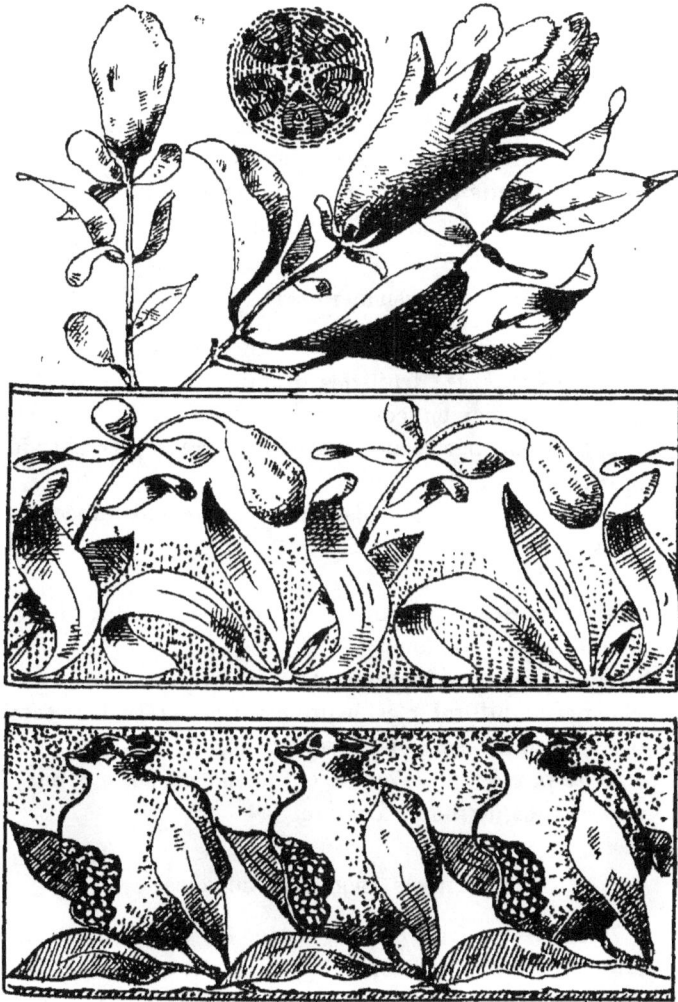

FIG. 441 à 444. — Grenadier. — Bouton, fleur et coupe de la graine.—
Arrangements décoratifs utilisant : 1° le bouton; 2° le fruit entamé.

la citrouille de la fable. Le fruit est d'ailleurs un élément ornemental de premier ordre, il a quelquefois même sa signification emblématique. Son emploi dans le décor est amplement justifié. Tous les styles l'utilisent. Le lecteur trouvera au cours de cet ouvrage quelques planches donnant aux fruits une application ornementale.

Voici quelle est la classification botanique des fruits ;

CLASSIFICATION DES FRUITS.

FRUITS APOCARPÉS SECS. — A. Indéhiscents.

1° Le *caryopse*, fruit des graminées, de l'orge, du riz, carpelle intimement confondu avec la graine.

2° L'*akène*, péricarpe séparé de la graine, les chardons, le rumex, les synanthérées.

3° La *samare*, fruit plat collé, contenant au centre la graine, l'orme.

— B. Déhiscents.

4° Le *follicule* qui s'ouvre sur une seule suture longitudinale, le pied d'alouette.

5° La *gousse* ou légume, avec graines attachées au trophosperme sutural, c'est le principal caractère de la famille des légumineuses, pois, fève, acacia.

6° Le *pyxide* qui s'ouvre en forme de boîte ronde, les amaranthes, le mouron rouge.

FRUITS APOCARPÉS CHARNUS

7° Le *drupe*, fruit charnu contenant un noyau uniloculaire, la prune, la pêche, la cerise. Le noyau est formé par l'endocarpe et une partie du sarcocarpe qui se sont transformés en bois dur. La noix est un drupe, l'amande s'est développée au détriment du bulbe péricarpien devenu plus coriace, l'amandier, le noyer, le cocotier ont des fruits charnus.

FRUITS POLYCARPÉS AGRÉGÉS OU MULTIPLES.

8° Tous les fruits formés de carpelles distincts libres ou réunis en nombre variable dans une fleur sont *polycarpés*, les fruits sont réunis en nombre souvent considérable sur le réceptacle. Le framboisier, la mûre sont des fruits composés d'un grand nombre de drupes portés sur un gynophore conique et charnu.

FRUITS SYNCARPÉS OU SOUDÉS

Les carpelles sont soudés, le péricarpe ayant ainsi plusieurs loges.

FRUITS SYNCARPÉS SECS, INDÉHISCENTS.

9° Ces fruits à leur maturité, se séparent en deux ou en plusieurs parties qui offrent pour chacune d'elles tous les caractères de l'akène. Chaque partie forme une coque, il peut y en avoir deux, trois ou plusieurs, et, selon leur nombre, elles prennent le nom de *diakène, triakène, pentakène, polakène*.

Le caille-lait est diakène, la capucine triakène.

10° La *samaridie* est une samare composée, formée de plusieurs carpelles unis et offrant des ailes membraneuses, comme l'érable, les frênes.

11° Le *gland* est un fruit qui est enfermé en partie dans un involucre ou cupule, écailleux ou foliacé.

12° La *carcérule* est un fruit dont les loges ne se séparent pas, exemple le tilleul, c'est aussi la disposition du grenadier qui a un péricarpe coriace dont les loges contiennent un grand nombre de graines. Les fig. 441 à 444 inspirées des dessins Japonais représentent le fruit du grenadier ouvert avec une application décorative.

Fruits déhiscents.

13º La *silique*, fruit sec et allongé, graines alternes attachées à deux trophospermes suturaux. Elle appartient aux crucifères, le chou, la giroflée ; la *silicule* est moins longue et ne contient qu'une ou deux graines.

14º La *pyxide*, plusieurs loges, plusieurs carpelles soudés, la jusquiame, les pourpiers.

15º L'*élatérie*, fruit relevé de côtes se partageant en loges comme l'euphorbe, le pavot.

16º La *capsule* qui comprend toutes les formes de fruits déhiscents qui n'ont pas été précédemment indiqués.

Fruits syncarpés charnus.

17º Le *nuculaine*, fruit renfermant plusieurs petits noyaux nommés nucules, tels sont les fruits du sureau, du lierre, des cornouilliers.

18º Le *péponide* fruit à une seule loge, un grand nombre de graines au centre, le melon, le potiron, le concombre.

19º La *mélonide*, plusieurs ovaires pariétaux réunis, soudés au tube du calice, poire, pomme, nèfle ; elle appartient à la famille des rosacées.

20º L'*hespiridie*, fruit charnu à plusieurs loges se séparant, dans lesquelles se trouvent des graines, l'orange et le citron.

21º La *baie*, fruit charnu dépourvu de noyaux, le raisin, les groseilles, les tomates.

FRUITS SYNANTHOCARPÉS OU COMPOSÉS.

Ensemble de plusieurs fruits n'en formant qu'un seul, la figue, la mûre, le cône.

22° Le *cône*, formes très variées d'utricules membraneuses, sèches, disposées en formes de cônes, le pin, le sapin, le mélèze.

23° La *sorose*, réunion de plusieurs fruits soudés en un seul, le mûrier, l'ananas.

24° Le *sycone*, fruit du figuier.

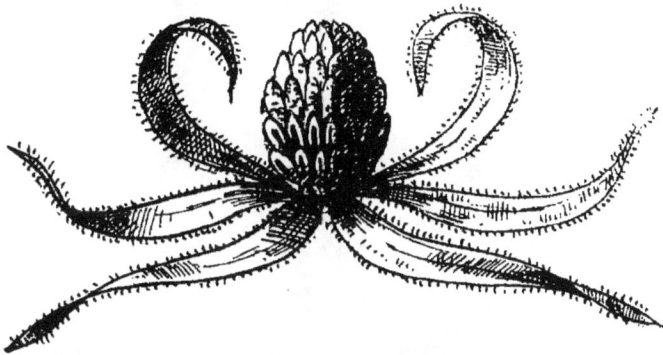

Fig. 445. — La sorose.

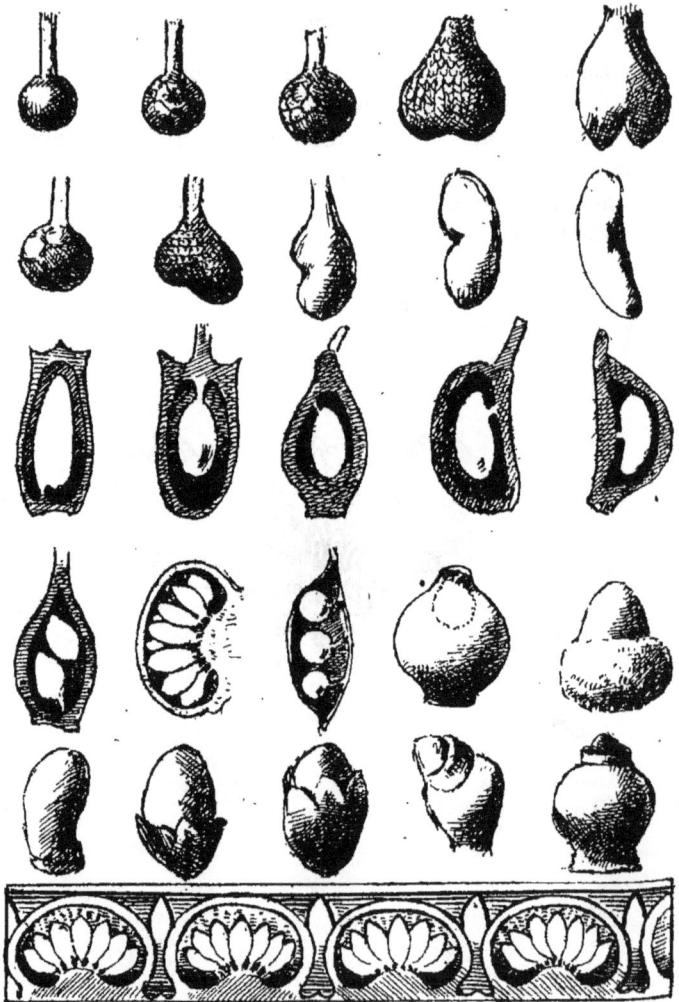

Fɪɢ. 446 à 464. — Les cotylédons et les ovules. — 1ʳᵉ rangée, développement d'un embryon dicotylédone et 2ᵉ rangée d'un embryon monocotylédone. — Ovules de formes diverses. — Application décorative.

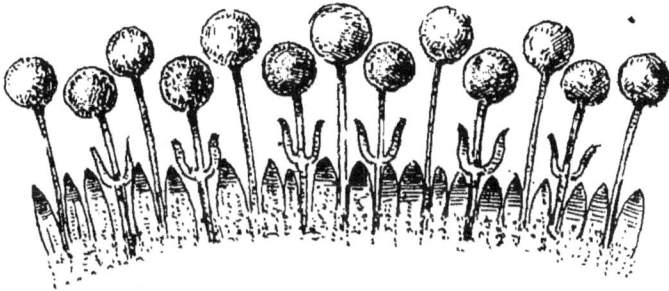

FIG. 465. — Pollen germant à l'extrémité du style.

CHAPITRE XIII

REPRODUCTION DE LA PLANTE

Embryon et cotylédons, premier état de la graine.
Périodes de formation de la plante. — Plantes acotylédonées.
Plantes monocotylédonées, le blé.
Plantes dicotylédonées, le haricot.

PREMIER ÉTAT DE LA PLANTE.

Si l'on observe un végétal à son début, c'est-à-dire dans son plus grand état de simplicité et qu'on le suive dans tout son développement, en prenant note des changements qu'il subit, en analysant toutes les parties dont il s'accroît, on apprend à le connaître dans tous ses organes, dont l'ensemble constitue sa manière d'être et sa vie.

Dans son premier état, c'est un utricule, dont la cavité est remplie de matière granuleuse. Certaines plantes ne dépassent pas ce premier état dans le cours de leur existence. Elles sont à l'état embryonnaire.

LA PLANTE SE FORME.

Quelques changements résultent du développement de ces embryons. Une petite masse homogène, dans laquelle il est difficile de distinguer les éléments qui la composent, s'est formée tout d'abord, puis quelquefois d'autres utricules viennent se grouper autour de la première masse. Cette agglomération prend des formes déterminées qui permettent dès le début de distinguer deux extrémités dissemblables. L'une suit la direction de l'axe du corps végétal, plus ou moins ovoïde, l'autre en dévie et figure un mamelon latéral ou deux mamelons symétriques équilibrés sur l'axe. Ces mamelons forment les cotylédons.

PÉRIODE DE FORMATION.

Cette évolution pour une plante complète se fait en trois phases :

1re Période sans cotylédon — *acotylédonée.*
2e Période avec un cotylédon — *monocotylédonée.*
3e Période avec deux cotylédons — *dicotylédonée.*

La première période est en général rapidement franchie, le cotylédon évoluant déjà dans la graine attachée à la plante évolue dans toutes ses parties soit par le cotylédon lui-même, soit par une sorte de racine, le *radicule,* qui composé de plusieurs lobes situés latéralement, rappelle la première ébauche de l'embryon. Le radicule donne naissance à un ensemble de feuilles non développées nommées *gemmules.*

L'embryon présente ainsi une suite d'organes dont l'un d'eux formera la tige ou *tigelle,* l'autre la racine.

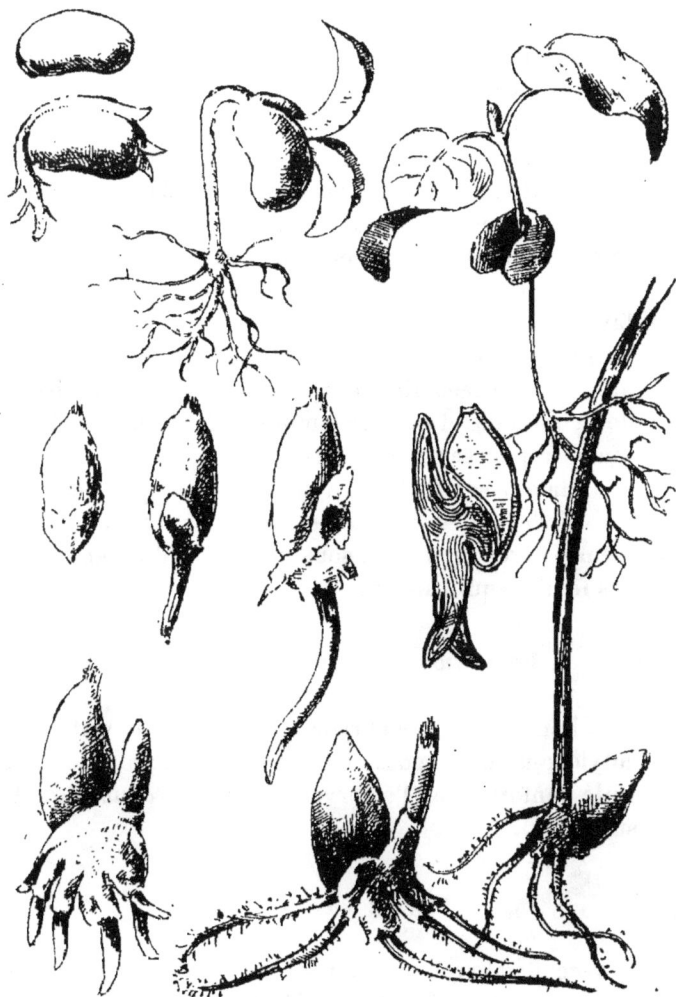

Fig. 466 à 476. — Germination d'un haricot, les 2 cotylédons apparaissent. — Germination d'un grain de blé avec un seul cotylédon.— Ses différents états.

Dans l'évolution ultérieure de la plante tous les organes qui naîtront ne seront que la conséquence de cette première existence de l'embryon.

Les cellules de cotylédons, plus ou moins remplies de fécule, permettront à la jeune plante de vivre de sa vie propre. Successivement les cotylédons dans un plus grand développement prendront la forme des feuilles et la première ébauche des vaisseaux pourra s'observer.

Après l'éclosion de la graine, elle est dans un milieu favorable propre à germer, vivant tout d'abord de ses propres ressources, puisant ensuite dans la terre les sucs qui seront nécessaires à son existence. L'accroissement de la radicule et de la gemmule se fera ensuite. La gemmule repoussera les cotylédons qui l'enveloppaient; elle étalera ses feuilles en même temps que s'épuiseront les cotylédons, qui, fanés et amaigris, tomberont d'eux-mêmes après avoir vécu sous une forme différente de celle des feuilles qui naîtront.

FORMATION D'UNE PLANTE DICOTYLÉDONÉE.

Si l'on prend un embryon de haricot on voit le corps cotylédonaire composé de deux cotylédons opposés. Avec cette conformation l'embryon est *dicotylédoné* (fig. 466 et suivantes).

PLANTE MONOCOTYLÉDONÉE.

Avec l'embryon du maïs ou du blé, le corps est simple avec une seule feuille cotylédonaire (fig. 469 à 476), la plante est alors *monocotylédonée*.

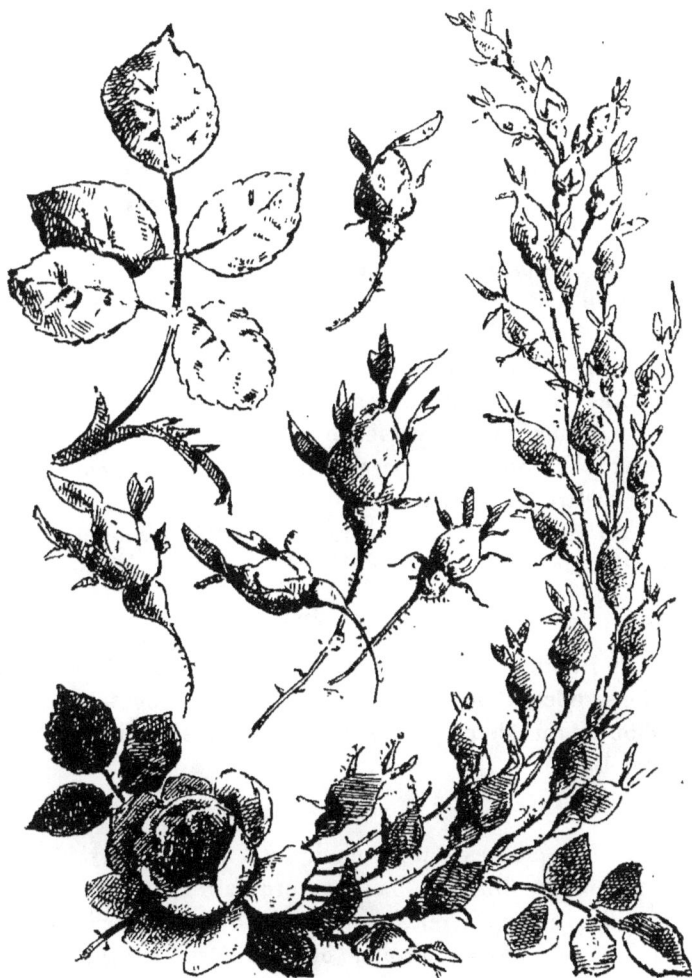

FIG. 477 à 479. — Motif décoratif. — Emploi de la rose épanouie
et en boutons.

Monocotylédonés et dicotylédonés.

Le caractère de l'embryon est d'une haute importance, car il divise toutes les plantes ayant des fleurs, en deux grandes divisions, les *monocotylédones* et les *dicotylédones* qui diffèrent entre elles, non seulement par la structure de l'embryon, mais encore par l'organisation ultérieure de toutes les parties qui constituent les plantes.

Dans la reproduction, l'embryon est l'organe le plus important, de lui on peut tirer plusieurs caractères pour son organisation et son développement.

Les organes de la reproduction ont une corrélation d'existence avec la présence ou l'absence de l'embryon, il en résulte un moyen permettant de séparer les espèces, et de mettre un ordre dans leur classification.

En résumé voici les caractères généraux de la classification des plantes.

Acotylédones.

1° Plantes qui sont dépourvues d'embryon et de cotylédons, elles n'ont pas d'organes reproducteurs apparents d'où le nom de *cryptogames* (pas de fleurs distinctes) donné par Linné.

Monocotylédones.

2° Les plantes ont un embryon à un seul cotylédon, la racine est fibreuse, la tige ordinairement simple, les feuilles alternes, elles sont souvent engainantes avec des nervures simples, droites et parallèles, les fleurs constituées d'un calice ordinairement à six pétales libres ou soudés, disposés sur deux rangs ; on compte trois ou six étamines, le pistil est avec trois ou six carpelles.

PLANTES DICOTYLÉDONES.

5° L'embryon a deux cotylédons, la racine est pivotante, la tige rameuse est formée de fibres concentriques, les feuilles sont simples ou composées, les nervures réticulées. Les fleurs sont *complètes* avec, en général, une division en cinq parties.

Des conditions nombreuses et diverses qui ne peuvent être examinées ici, font que la plante, avec des obstacles presque insurmontables, se reproduit grâce au génie que la nature déploie. Les animaux, les insectes, en particulier transportent le pollen, l'eau, souvent est le véhicule de cette fécondation. Les courants d'air jouent le même rôle, et les fleurs d'un côté de l'Océan sont souvent fécondées par le pollen de l'autre rive. Des fleurs submergées se fécondent à l'air, des fleurs conservées dans les hypogées de l'ancienne Égypte ont germé dit-on après plus de deux mille ans, des graines conservées dans un herbier de plusieurs siècles ont germé : admirable grandeur des lois de la nature.

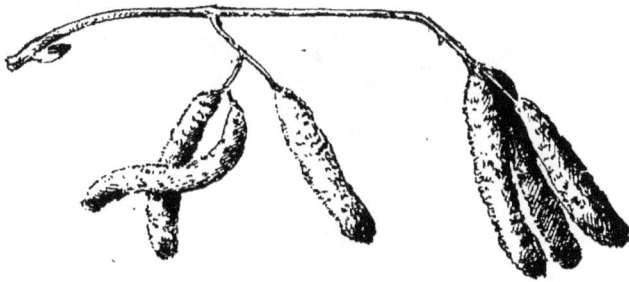

FIG. 480. — Chaton de noisetier.

Fig. 481. — La Nature et la Géométrie. — Motif emblématique.

FIG. 482. — Composition symétrique, motif de bordure.

SECONDE PARTIE

THÉORIE DÉCORATIVE
ET APPLICATIONS INDUSTRIELLES

—

CHAPITRE XIV
LE DÉCOR

Le décor. — Son utilité. — Règles et lois de la décoration.
Variété des éléments. — La flore, la faune, la figure, etc.
La surface plane et le relief. — Méthode artistique.
Le mouvement.

LE DÉCOR, SON UTILITÉ.

Le décor est un besoin qui a existé chez tous les hommes, dans tous les pays et dans tous les temps. La tribu la plus sauvage, comme le peuple le plus civilisé sentent la nécessité de parer leur demeure ou d'orner leur personne. Toutes les civilisations depuis les temps préhistoriques, ont éprouvé la nécessité d'orner, d'embellir les formes qui servaient à leurs besoins et l'ornementation a toujours été

l'objet d'une des plus vives préoccupations de l'humanité.
Il suffit d'un peu de réflexion pour en établir l'importance
et en goûter tout le charme. Il n'est pas un objet, parmi
tous ceux qui servent à nos besoins qui ne soit marqué
de cette empreinte. L'habitation, les objets usuels, le
vêtement l'ont reçue, toutes les formes que nous utilisons
justifient la nécessité impérieuse du décor, nécessité qui
n'existe pas seulement pour nous, mais qui appartient
à toutes les civilisations.

Le décor ne suffit pas seulement aux besoins et aux
exigences artistiques; l'homme ne vaut pas parce qu'il
est bien habillé, il vaut par le bon goût qu'il dépense
à s'entourer d'objets qui se révèlent à lui par la beauté
de leur forme ou la délicatesse de leur ornementation.
Souvent, le souvenir s'attache encore à ces objets qui
acquièrent ainsi, un prix inestimable.

Le plaisir des sens entre pour une bonne part dans le
bonheur de vivre, et le plaisir des yeux n'est pas celui qui
y participe le moins.

Rien n'est triste comme un milieu froid et sans art, gris
et sombre, nu et sans décor. Au contraire, la lumière, la
couleur, les fleurs, la beauté des formes, participent à
nous donner une satisfaction intime de plaisir.

RÈGLES ET LOIS DÉCORATIVES.

Le décor est entré très aisément dans les usages. Il y a
pris discrètement la place qui lui revenait, s'est imposé,
est devenu avec le temps une nécessité. Des règles, ont
déterminé les conditions de son emploi. Les moyens ont
varié suivant les époques, et les styles qui en sont nés ont
établi des règles qui s'appuyaient toujours sur les lois que
leur imposait la nature.

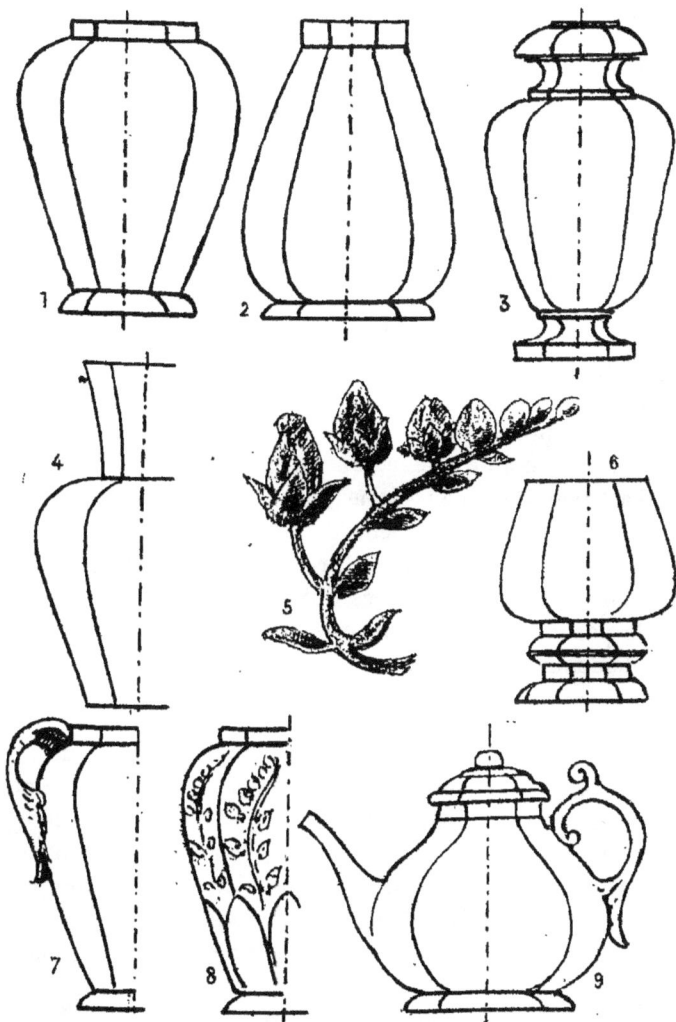

FIG. 483 à 490. — Forme d'un vase empruntée à la plante. — Diverses
modifications apportées : 1. Droite. — 2. Renversée. — 3. Avec col et
pied. — 4. Avec col. — 5. Mauve. — 6. Sectionnée. — 7. Avec anse. —
8. Orné. — 9. En forme de théière.

LA CONDITION FONDAMENTALE DE L'ART EST DANS LA NATURE.

La condition fondamentale de toute ornementation réside dans la nature. Les formes des premières poteries, semblables à des calices de fleurs ont été inspirées par la plante qui imposait ainsi ses formes à l'homme primitif (fig. 478 à 486).

Les Égyptiens empruntaient au Nelumbo leurs formes architectoniques, et si nous avons vu la feuille d'acanthe des Grecs se répéter dans tous les styles et se perpétuer jusqu'à nous, c'est qu'elle était vraie dans son allure, ferme et souple tout à la fois, qu'elle était par-dessus tout une fidèle reproduction de la plante elle-même.

La ligne a de même son origine dans la nature. Tout l'art tient dans deux lignes, droite ou courbe, qui limitent les contours et affirment les formes.

C'est donc dans la nature, et particulièrement dans la plante aux formes variées qui réunit à elle seule la grâce, le parfum et la couleur, que se trouvent réunis tous les éléments nécessaires à une bonne décoration.

VARIÉTÉ DES ÉLÉMENTS DÉCORATIFS.

Le besoin d'une variété plus grande encore, a poussé souvent les artistes à ajouter à la plante d'autres éléments décoratifs. La fleur n'est pas l'unique élément du décor, mais l'artiste est toujours obligé d'y revenir, car le champ dans lequel il peut puiser est si vaste et si grandiose qu'il ne peut y avoir ni déception ni méprise.

Les éléments décoratifs sont divers et variés ; on peut en établir la classification suivante :

1° La FLORE, comprenant tous les éléments qui constituent la plante : racines, tiges, feuilles, fleurs, fruits et accessoires.

2° La Faune et surtout la petite faune, comprenant les petits animaux, les insectes, les poissons, les oiseaux, etc.

3° La Figure humaine, le masque humain en particulier, les mascarons et petites figures ornementales.

4° Les Ornements de lignes droites et courbes tels que les frettes, les grecques, les denticules, les imbrications, les entrelacs, lacets ou rubans, les lettres, les tresses, etc.

5° Les Formes architectoniques telles que les moulures, les godrons, les cannelures, les denticules, les billettes, les gorgerins, les chapiteaux et leurs colonnes, etc.

6° Tous les autres éléments, tels que draperies, armoiries, attributs, pierreries, nœuds et rinceaux, guirlandes et lambrequins, amortissements, armes, outils professionnels, etc.

Le dessinateur a un choix varié, devant lequel il ne saurait être embarrassé.

Il lui faut néanmoins faire une sélection judicieuse parmi les documents et matériaux qu'il veut utiliser.

Le décor appliqué.

Suivant que le décor est destiné à être peint ou à être en relief, suivant la destination, le sens dominant, le goût de l'artiste, ou de l'acquéreur, suivant les temps et le lieu, le milieu gai, ou sombre, pâle et coloré, des éléments qui le constitueront devront varier, et dans leur choix apparaîtra déjà la première preuve de goût de l'artiste. Peut-être même se dégagera-t-il de cette réunion d'éléments une indication définitive. Ce choix fait sans effort, simplement, donnera déjà à l'œuvre l'idée d'une chose facilement réalisée et par conséquent d'une chose aimable, simple et naturelle. Une conception torturée, difficilement exécutée

ou l'effort pénible se fait sentir, est une œuvre condamnée
à l'avance. Il ne faut pas oublier non plus que l'ornementation n'est pas la chose principale, qu'elle n'est qu'un
accessoire, et comme telle ne peut apporter qu'une modification gracieuse à l'objet qu'elle décore, objet dont elle
doit faire valoir la forme et accentuer la beauté.

Le décor ne se substitue pas à la forme, il ne la fait pas
disparaître sous un abus d'éléments et d'accessoires inu-
tiles. La première qualité de l'ornement est d'entrer elle-
même dans l'idée de la destination, de l'accentuer s'il est
possible, de justifier sa présence auprès d'elle, de lui
conserver dans une union bien comprise toutes ses qualités de beauté, d'élégance, de force et de stabilité.

LA MÉTHODE.

La disposition des éléments décoratifs sur la surface à
orner se fait suivant les règles de la composition décorative. Elle n'est pas quelconque, le hasard n'aiderait, que
faiblement un tel procédé. Il faut au contraire une grande
sûreté de méthode, classer avec goût les éléments à utiliser, leur donner l'importance relative qu'ils peuvent avoir,
le motif principal doit l'emporter sur les accessoires. Il ne
faut pas qu'il y ait contradiction entre les diverses parties
de la composition, elle doit être équilibrée dans tous ses
détails, elle doit donner l'idée d'une forme stable, durable
et posée. Accrocher à des murailles des figures qui semblent glisser, poser des colonnes qui ne supportent rien,
placer des guirlandes qui ne sont que collées, ce n'est
pas de l'art. Pour être bien approprié le décor, qu'il soit
mural ou appliqué sur un objet en relief, doit tenir à
l'ensemble et faire corps avec lui.

FIG. 491. — Pissenlit. — Arrangement décoratif sur fond subdivisé en carrés.

DESSIN PAR TACHES ; DESSIN PAR STRUCTURE.

Dans cet ensemble certaines formes décoratives apparaissent sous l'aspect de taches soit colorées, soit en relief. Ces taches ne doivent pas supprimer par leur importance et leur lourdeur la structure même du dessin qui indique le mouvement et la vie et qui tenant à l'ensemble doit être équilibrée avec lui.

LE MOUVEMENT.

Les périodes d'art, comme celle du moyen âge, qui ont su imprimer à leurs ornements le sentiment de la vie sont les belles périodes décoratives. Il est à remarquer que les attitudes de la plante, le retroussement des feuilles, la courbure des tiges, la souplesse des nervures, le négligé naturel des fleurs, le mouvement en un mot de la plante, impriment à l'ornementation un sentiment de vie qui est la preuve la plus parfaite d'une exécution idéale. Elle a été souvent négligée, chaque fois l'imperfection du résultat apparaissait malgré une technique souvent forte et savante.

Fig. 492. — Coprosma.

FIG. 493. — Plaque en fer découpé.

CHAPITRE XV

LA NATURE ET LA GÉOMETRIE.

Régularité de la nature. — La géométrie, son emploi.
Éléments linéaires. — Courbes de sentiment.
Surface, sa division. — Applications décoratives.

LA NATURE. — SA RÉGULARITÉ.

La nature se suffit à elle-même. Elle s'impose des obligations de régularité qui font que dans un temps voulu, sous un climat déterminé, les plantes de même espèce subissent les mêmes influences, les bourgeons s'ouvrent en même temps, les fleurs s'épanouissent ensemble et les fonctions de leur existence sont semblables. Dès lors, avec une telle régularité dans sa vie et par conséquent dans sa forme; il serait suffisant de reproduire la plante sans chercher à la traduire et sans modifier son aspect. Ce serait grave que de commettre à son égard le moindre anachronisme, le mouvement des tiges est indiqué, la forme des feuilles est connue, la fleur, dans sa couleur et son aspect est immuable et on ne pourrait oser ainsi la transformer, déplacer ses éléments, la styliser, suivant l'expression aujourd'hui consacrée! Et cependant c'est le propre de l'ornementation.

LA GÉOMÉTRIE.

S'il ne faut commettre contre la plante aucune faute, si la moindre de ses formes, le plus petit détail, la plus petite attache ne peuvent être transformés, ce que le dessinateur est autorisé à faire c'est de disposer les éléments dont il a fait choix suivant les règles ornementales dont les conditions reposent presque entièrement sur les règles de la géométrie.

La nature, d'ailleurs, est elle-même géométrique, une fleur a ses éléments régulièrement et uniformément placés par rapport les uns aux autres. Les sépales et les pétales, les étamines et les carpelles rayonnent avec une régularité parfaite, rien ne les fait varier. La tige ou les nervures affectent des mouvements, une souplesse et une régularité qui tiennent de la géométrie.

Cette régularité est aussi la condition même de la géométrie.

EMPLOI DE LA GÉOMÉTRIE.

Envisagée à son tour pour elle-même, on reconnaît qu'elle réunit les mêmes qualités, qu'elle s'appuie sur les mêmes principes naturels, que ses formes et ses mouvements sont ceux de la nature qui les a inspirés.   .

La nature et la géométrie doivent se prêter un mutuel appui. La géométrie donnera les positions, les mouvements

FIG. 491 à 500. — Lignes d'enroulement, les volutes et les entrelacs.

de lignes, leur direction, elle divisera la surface, partagera
en parties régulières et égales les formes et les surfaces
à décorer, recherchera dans une synthèse simple, le mouvement, donnera une netteté de position aux formes, un
équilibre aux parties, établira un ordre parfait dans la
disposition des éléments décoratifs, une régularité en un
mot qui est le principe fondamental de toute œuvre bien
comprise.

Tout étant ainsi prévu, chaque partie du végétal aura
sa place réservée et viendra la prendre. Il couvrira la surface et, comme dans la nature, aura un point initial et un
point terminal. Les lignes, que les tiges remplaceront,
donneront naissance aux divers éléments de la plante,
feuilles ou fleurs.

La surface sera recouverte et les tiges seront dissimu-
lées au-dessous des formes de la plante.

C'est, en général, ainsi que la géométrie et la nature se
combinent. Il arrive parfois aussi que la géométrie occupe
une place apparente soit en encadrant la nature, soit au
contraire comme dans les formes architecturales quand
elles font l'objet principal du décor et que la plante n'en
est plus qu'un accessoire.

ÉLÉMENTS LINÉAIRES.

Dans l'architecture, la partie décorative composée de
moulures et de profils, l'emporte toujours de beaucoup sur
l'ornement floral, la géométrie se suffit alors presque à
elle-même.

Du reste, dans bon nombre d'ornementations de lignes,
les diverses combinaisons d'entrelacs, de chevrons, de
frettes ou de grecques, ont pu donner à elles seules de
fort jolis motifs décoratifs. Toute la décoration arabe, où

la représentation des formes vivantes est interdite, repose
en entier sur ce principe; les ornements mexicains ou
mérovingiens, les dessins préhistoriques, les volutes grecques, les frettes ou les denticules n'utilisent pas d'autres
éléments que la géométrie.

LES COURBES DE SENTIMENT.

Les courbes qu'on a désignées sous le nom de courbes
de sentiment ne sont pas autre chose que des courbes
empruntées à la nature ou à des dispositions géométriques
que la nature végétale réprouvait. En effet, dans la nature
il n'y a que deux sens dominants, les racines descendent,
les tiges montent. Ce serait un non-sens que de donner à
ces éléments des directions contraires et cependant
géométriquement il y a des combinaisons qui les acceptent.
C'est ainsi que le flot égyptien ou grec peut être considéré
comme une courbe de sentiment, qu'il en est peut-être
de même de la volute ou des lacets. Les figures 490 à 498
représentent quelques combinaisons de lignes courbes où
la volute est utilisée, diversement et où l'analyse des
courbes d'entrelacs est mise en évidence.

Il en est de même des profils des vases, leurs courbes
ont diverses inflexions qui reposent en grande partie sur
les courbes de la nature. Il est difficile d'établir une
dictinction entre la courbe florale d'une vrille en hélice, et
entre l'hélice géométrique elle-même, par exemple. Un
fragment d'ellipse peut être une courbe de sentiment, une
portion de circonférence reste un arc. Une moulure faite
avec des raccords au compas a un profil géométrique,
une moulure faite à la main comme les profils du moyen
âge est une moulure de sentiment. Il ne peut donc y
avoir de règles absolues et du reste le nom ne fait pas la

chose. Il suffit de savoir utiliser tous ces éléments, qu'ils soient naturels ou qu'ils soient géométriques.

La courbe en S, la volute symétrique, la volute combinée et recouvrant la surface, l'enroulement et le mouvement des rinceaux, sont autant de moyens décoratifs qui ne puisent pas toujours dans la nature les éléments nécessaires à leur réalisation, mais qui n'en donnent pas moins des motifs de décoration.

DIVISION DE LA SURFACE.

D'autre part, la géométrie peut servir de fond et, par conséquent, peut décorer et diviser la surface.

C'est grâce à elle que les motifs de fond seront régulièrement divisés, elle sert de trame pour la décoration du papier peint, du vitrail, des étoffes, des tapisseries, des marqueteries ou des mosaïques, elle permet, par la disposition régulière des motifs et par leur répétition, à couvrir la surface qu'elle fragmente, à l'aide de ses figures polygonales. C'est ainsi, comme on l'a vu précédemment, que l'art chinois (fig. 52 et 53), en s'appuyant sur la division hexagonale a fait des décorations de surface d'un caractère fort original.

Les figures géométriques qui divisent exactement le champ d'une surface plane ne sont pas nombreuses. Ce sont le carré et ses décomposés : rectangle, losange, parallélogramme, ou le triangle et l'hexagone qui n'est en réalité qu'une combinaison de surfaces triangulaires.

RÉPÉTITION DU MOTIF DÉCORATIF.

La surface ayant été divisée géométriquement, on place dans chaque figure polygonale le motif choisi qui, répété régulièrement, placé à côté au-dessus ou au-dessous de

FIG. 501. — Bleuet. — Arrangement dans un losange couché.

motifs semblables, finit par couvrir la surface et par donner souvent un résultat imprévu variant suivant l'intensité relative de chaque partie, suivant sa structure, et aussi sa coloration.

La meilleure disposition géométrique est celle du losange. Elle permet de détruire une disposition horizontale et verticale qui deviendrait monotone si le même motif se trouvait répété côte à côte sans alternance et sans chevauchement. En introduisant au contraire dans chaque figure géométrique un motif qui pénètre entre les deux motifs voisins, on détruit cette monotonie, et il arrive quelquefois, par exemple lorsqu'on dessine un décor d'étoffe ou un dessin de papier peint, que les formes se pénètrent d'une façon si parfaite dans un ensemble fort complexe qu'à première vue, il est difficile d'isoler le motif floral servant à la décoration de cette surface. La coloration surprend elle-même beaucoup. Un même motif, reproduit avec des couleurs différentes, le transforme jusqu'à s'y méprendre, c'est encore une condition qui mérite l'attention.

Fig. 502. — Motif symétrique.

Fig. 503. — Bordure de manuscrit.

CHAPITRE XVI

LE DÉCOR APPLIQUÉ

ORNEMENTATION DE BORDURES ORNEMENTALES, EN SURFACE, EN RELIEF.

La bordure est une limite décorative. — Mouvement des lignes. Le pochoir. — Décoration de surface, son exécution. Objets en relief. — Le décor appliqué. — Influence de la nature Valeur relative du relief.

DÉCORATION PLATE. — DÉCORATION EN RELIEF.

Quelle que soit la surface à décorer, plane, en saillie ou en creux, deux conditions s'imposent à l'artiste ; il appliquera à cette surface soit une décoration plate, soit une décoration en relief. Elle sera donc peinte, d'un relief peu marqué, ou bien en relief accentué.

La surface décorable est elle-même variable. Elle se présente avec : 1º une seule dimension, la longueur.

DÉCOR-PLANTE.   12

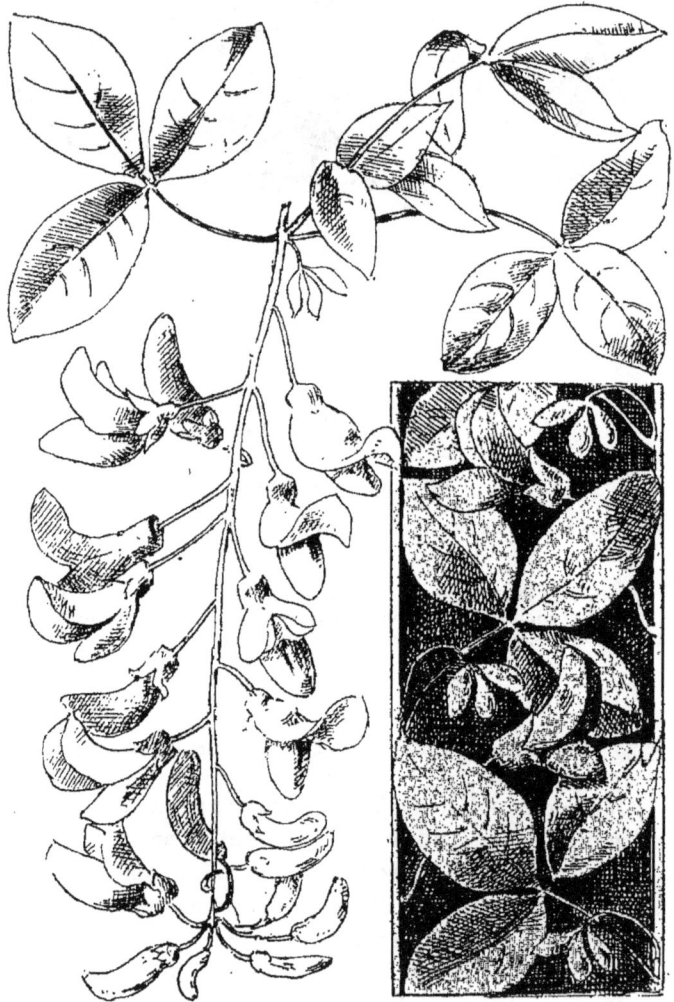

Fig. 505 et 504. — Faux ébénier fleur. — Application à une bordure
verticale. — Motif répété et renversé.

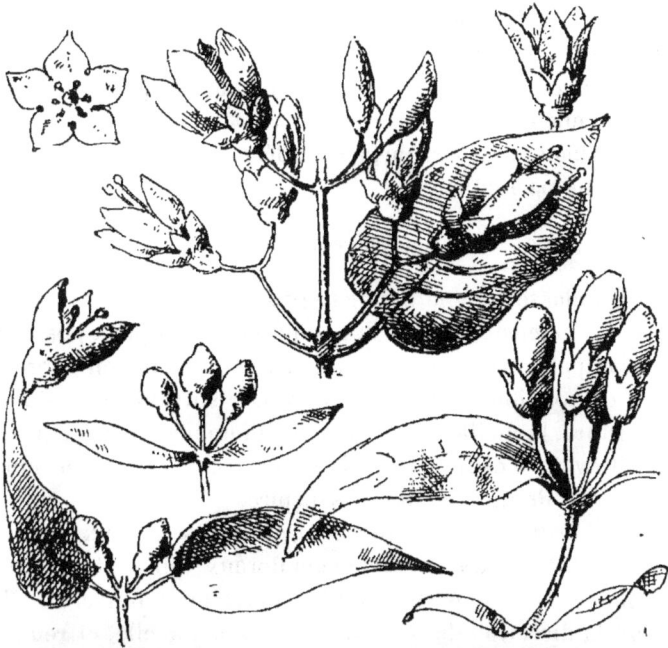

Fig. 505 à 509. — Seringa, détails de la plante. — Applications
décoratives à un motif symétrique répété.

2º Avec deux dimensions, la largeur et la longueur, elle constitue la surface.

5º Avec trois dimensions, longueur, largeur et épaisseur, elle constitue le relief.

A chacune de ces surfaces à décorer correspondent des moyens particuliers.

LES BORDURES.

On classe dans la première catégorie d'ornements à une seule dimension les bordures qui occupent deux positions principales, verticale en hauteur, horizontale, en largeur. La disposition décorative doit varier suivant le sens de la bordure, la meilleure manière de lui donner l'aspect qu'elle doit avoir, c'est de copier la nature et de suivre les mouvements de ligne dont elle s'inspire.

La bordure verticale (fig. 503), qui utilise le faux ébénier, suit la direction des éléments floraux qui l'ont inspirée, comme elle, dans un motif répété, mais renversé, elle suit la direction de la fleur, tombe comme elle, et remplit ainsi les vides de la surface à décorer.

Le seringa ne se prêterait peut-être pas à la même disposition en hauteur, peu importe, appliqué à une bordure horizontale, son motif renversé symétriquement se reproduit et constitue un élément décoratif parfaitement applicable à une bordure horizontale. (Fig. 505 à 509.)

LA BORDURE EST UNE LIMITE DÉCORATIVE.

Tout dessin de bordure limite forcément un champ ou une surface. Il doit donc affirmer son rôle et montrer dans une coloration intense ou par un dessin plus affirmé qu'il *borde* cette surface et la sépare des éléments voisins.

Qu'elle soit large ou étroite, la bordure ne doit pas, par une coloration brutale ou par un dessin différent, nuire à la surface qu'elle limite. Un cadre de tableau ne doit pas briller plus que l'œuvre peinte et ne doit chercher qu'à l'exalter et à la mettre en valeur.

Les oppositions d'une bordure avec la surface seront franches d'une coloration identique ou analogue. Le motif employé pourra se répéter si le dessin est simple et discret, mais il sera mieux peut-être de l'alterner avec un autre motif qui en détruira la monotonie ennuyeuse. Les moyens à employer varieront suivant les circonstances. Si le dessin est fait pour du papier peint, ou pour une étoffe de tenture, il sera large ou étroit suivant le style et les circonstances. S'il doit limiter un vitrail, la valeur colorée, la transparence du dessin, son importance relative, permettront tour à tour de le rendre léger ou gracieux, transparent ou opaque, et de rechercher les moyens les plus favorables à la réalisation parfaite de l'œuvre. Il y a donc une grande variété dans les moyens; il en résulte une plus grande liberté pour l'artiste, qui met ainsi en valeur ses qualités personnelles.

MOUVEMENT DES LIGNES.

L'ornementation qui se penche vaut mieux qu'une ornementation verticale. Un modèle vertical à symétrie répétée ne sera pas ennuyeux si des alternances de taches le séparent du motif qu'il répète, la meilleure disposition cependant sera celle où l'inclinaison des tiges donnera l'impression du mouvement et de la vie. L'exemple du magniolia, répond à cette disposition (fig. 510 à 514). Les éléments utilisés sont lourds; le fruit, malgré cette lour-

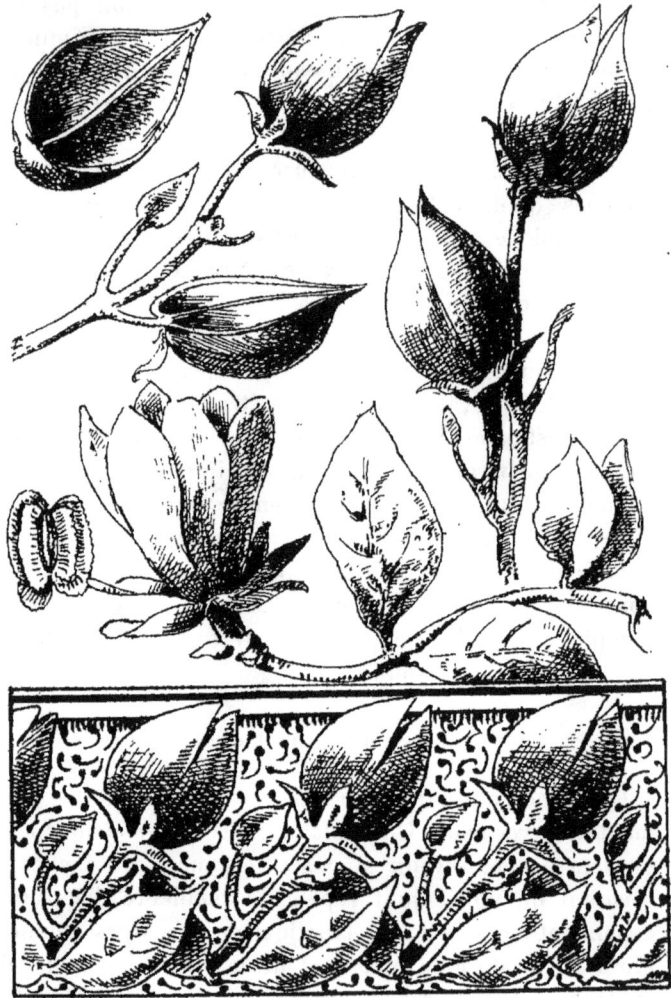

Fig. 510 à 514. — Magnolia, fleur et samare ou graine. — Disposition
d'une bordure à motif répété.

Fig. 515. — Décor de fond utilisant le bleuet.

deur, grâce à son alternance avec une petite feuille et à la souplesse de sa tige, s'accepte et couvre de taches régulièrement placées, le champ de la bordure. Dans une disposition de bordure horizontale les motifs cherchent à se rejoindre; ils passent successivement les uns des autres, se pénètrent et se tiennent; ils courent. Dans une frise ou bordure verticale, ils tendent de même à se rattraper, mais ils grimpent, suivant en cela les indications données par la nature.

BORDURES MODERNES.

Depuis quelques années la décoration murale tend à se transformer. De grandes surfaces recouvertes d'une tenture unie et sans dessin, d'un ton neutre en général sont limitées en haut et en bas par des frises décoratives, d'une grande originalité parfois, où les artistes n'introduisent plus seulement la plante mais souvent encore, le paysage, les animaux, les scènes familières et pittoresques.

Quelques en-têtes de nos chapitres utilisent les ressources que présente le paysage, mais il doit être fait des réserves à l'usage qu'on en voudrait faire. On reconnaît en effet très aisément les aspects de ses sites. Pour peu qu'on veuille l'affirmer on constatera qu'il se dégage de son emploi répété une monotonie plus ennuyeuse que celle qui résulte de l'emploi d'un élément floral. Pour être acceptable le motif doit être sans caractère, la silhouette produisant seule l'effet; mais le dessin n'aura jamais la valeur d'une frise, où tous les motifs diffèrent les uns des autres.

LA PEINTURE AU POCHOIR.

Il est un procédé fréquemment appliqué depuis quelques années à la décoration. C'est un moyen durable

qui, au point de vue décoratif, ne saurait être trop recom-
mandé. Il s'agit du *pochoir*. Il utilise tous les procédés
de la peinture à l'huile, de la détrempe ou de la gouache.
il permet de répéter des dessins originaux et personnels
qu'il serait impossible par tout autre moyen de reproduire. Le *pochoir* reçoit surtout son application dans la
décoration des bordures.

Dans l'architecture, les bordures ont plus d'importance.
Ce sont alors des frises plates ou en relief, en mosaïque
ou sculptées dont les dimensions varient suivant la hauteur où elles se trouvent placées, leur sens ou leur intensité. Il en sera parlé plus loin à propos du relief.

LA DÉCORATION DE SURFACE.

La décoration de la surface est basée sur la division
géométrique de la surface par l'emploi de figures polygonales complémentaires les unes des autres.

On a vu précédemment que le triangle et le carré ainsi
que les figures qui en dérivent, divisaient la surface exactement. Cette trame géométrique étant plus ou moins
serrée, les motifs qui les remplissent sont plus ou moins
grands, il en résulte des ornementations à grands et à
petits *ramages*. Les dessins des motifs ont dans ce cas
une moindre importance que la couleur. Les différences
que les mêmes motifs présentent sont souvent très inattendues.

Dans une coloration camaïeu si le dessin existe en
réalité, il semble disparaître à distance et il n'en subsiste
plus que des vibrations plus ou moins intenses de coloration.

CONDITIONS D'EXÉCUTION D'UN DÉCOR DE SURFACE.

Il ne peut être question dans un livre qui ne s'occupe que de composition décorative, d'une technique relative aux métiers utilisant le décor de la surface dans la réalisation de leurs travaux. Toutefois le dessinateur qui travaille pour l'industrie, doit tenir un compte absolu des conditions indiquées par la technique professionnelle. Il doit pour le papier peint, repérer le dessin, et pour la même cause, préparer ses dessins en vue d'une bonne mise en carte par le tisseur.

Il est nécessaire de remarquer aussi qu'il n'y a pas de motif principal dans la décoration de la surface. Toutes les parties se combinent et se mélangent comme dans la planche ci-jointe, utilisant sur un fond divisé par le losange un motif floral de *Bleuet* (fig. 515). Elles forment un décor quelquefois vague dont il est difficile de dégager le motif décoratif, le décor par structure semble disparaître pour faire place à un décor en couleurs. Dans ce cas, la sobriété des contours et des couleurs doit être préférée, si elle est appelée surtout à mettre en valeur les objets qui l'environnent.

Dans les étoffes de costume il en doit être de même. Quelques portraits vénitiens ou des peintres français des XVIIᵉ et XVIIIᵉ siècles n'en tiennent pas compte, il a fallu à leurs auteurs une grande hardiesse et une grande habileté pour réussir dans des conditions aussi difficiles, à faire valoir la carnation et la beauté des modèles. Aussi dans le dessin des étoffes doit-on rechercher une coloration discrète, coloration dans laquelle le dessin n'intervient que pour donner une sorte de structure, qui ne peut nuire à la figure qu'elle doit habiller.

Fig. 516. — Amaranthe. Emploi d'une cime à une décoration
de surface.

Quelquefois le fond a peu d'importance au point de vue du dessin, il permet d'ajouter dans un relief simulé les éléments floraux qui ont servi à sa réalisation (fig. 516).

OBJETS ET RELIEF.

Tous les objets qui prennent un corps sont classés dans les formes à trois dimensions. Grands ou petits, leur décoration se subdivise et donne lieu à une série de motifs particuliers. Ces objets sont de deux sortes, ou prismatiques, c'est-à-dire terminés par des surfaces planes, avec des plans qui se combinent, comme des boîtes, des meubles, des coffrets ; ou ronds, comme tous les solides de révolution, cylindre, cône ou sphère, et les formes analogues. Les vases en particulier et beaucoup de menus objets, correspondent à cette classification.

L'objet en relief peut être décoratif par lui-même, il s'agit dans ce cas d'ajouter peu de chose à sa forme.

LE DÉCOR APPLIQUÉ AU RELIEF.

Le décor n'est pas un élément dont l'utilisation est obligatoire, pour être à sa place il ne doit pas avoir une importance plus grande que celle qu'il comporte. Sur un vase dont la forme serait empruntée à une enveloppe florale, il serait ridicule d'ajouter un détail d'ornement qui, ne tenant plus à l'ensemble en détruirait l'harmonie.

Pour décorer un objet en relief, la division des motifs sur chaque face s'impose pour les formes prismatiques.

Il y a pour les formes rondes, une infinité de moyens

Fig. 517 à 519. — Détails d'ornements sculptés empruntés
à la chicorée.

que les Grecs, pour la décoration de leurs vases avaient déjà utilisés. Deux systèmes se présentent. Les divisions par sections verticales régulières, aboutissant à l'axe, ou les divisions par sections planes horizontales, qui limitent ainsi le champ de la surface à décorer.

Les objets de forme ronde se décorent encore par des accessoires tels que des anses, des anneaux, des crochets, des retroussements de feuilles, des fleurs en saillie. L'énumération de tous ces moyens serait longue, il appartient à l'artiste de les trouver et de varier leur emploi. En utilisant ces moyens, il essaiera de mettre à la même échelle tous les éléments du décor. L'artiste peut prendre quelques libertés dans la disposition des éléments utilisés, il ne doit jamais, en tous cas, placer sur une forme, des motifs qui différeraient trop les uns des autres soit par leur origine, soit par leurs dimensions.

L'ART MODERNE.

On a reproché à la composition décorative moderne de rester plate, de restreindre ses moyens à la décoration des surfaces planes, telles que les étoffes, le vitrail, le papier peint, la reliure, les objets sans relief, de petite serrurerie, de menuiserie, d'ébénisterie, cuirs repoussés et menus objets. Le reproche est peut-être justifié, mais est-il si facile de décorer le relief?

Il est certain qu'un mouvement d'*art* a été donné. Si pour commencer on a pris les formes les plus faciles, on laisse ainsi aux artistes futurs, le soin de trouver de nouvelles formules pour la décoration du relief.

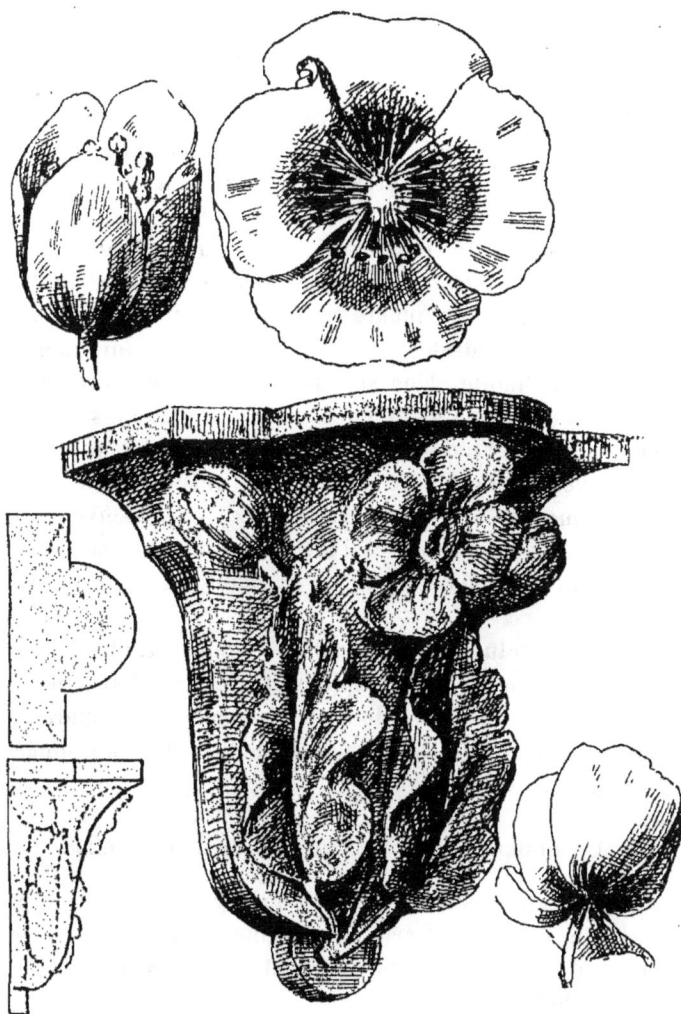

FIG. 520 à 523. — Pavot. Divers détails de la fleur. — Application
à la décoration d'une console.

LA DÉCORATION EN RELIEF.

La nature florale ne se prête que discrètement à la décoration en relief. Les choutiers du moyen âge ont su s'en servir, mais c'est presque toujours une traduction de la nature qui en est résultée, soit qu'ils aient amplifié des plantes de petite taille, soit qu'ils aient limité à des plantes fortes, grasses et non menues le choix qu'ils en voulaient faire. La plante est répandue sur la surface de toutes les cathédrales. Sa traduction est toujours merveilleusement habile. Une si belle tradition peut être continuée, les ornemanistes ne sont pas obligés de se retrancher derrière l'indispensable feuille d'acanthe, toutes les tentatives peuvent être faites, elles ont déjà été tentées par le moyen âge et la renaissance, elles peuvent être reprises. Dans cet ordre d'idées, les feuilles se prêtent mieux que les accessoires de la plante, à la décoration en saillie.

On doit exclure la minutie d'un travail où toutes les parties doivent avoir de l'ampleur et du gras. Par l'emploi de la terre glaise on a du reste le terme de comparaison qui permet de se rendre compte du caractère à donner à la sculpture décorative.

LE MODELAGE. — VALEUR RELATIVE DU RELIEF.

Tout modèle doit être étudié en argile, son emploi ne supporte ni la mièvrerie, ni la finesse des détails, les formes doivent tenir à la masse et ne pas s'en détacher comme de la pâtisserie.

Les formes de feuilles se présentent donc tout naturellement à l'attention du modeleur. Il est possible d'en

FIG. 524 à 526. — Chicorée. — Détails et applications décoratives.

rendre les contours, il est facile aussi d'indiquer les directions de lignes. Dès lors les plans se mettent en saillie d'eux-mêmes.

Un bon modelage doit rechercher, avec les mouvements de lignes qui donnent la vie à l'ornement et le font ressembler à la plante vivante, des effets de taches, d'ombre et de lumière qui s'opposent et accusent la saillie.

Les retroussements de feuilles, les tiges alternées avec les autres parties de la plante, un fond légèrement incurvé, une saillie de moulure un peu forte, tels sont les moyens permettant l'exécution d'un modelage artistique.

La saillie n'est que relative. Entre le bas-relief et un relief accentué jusqu'à la ronde-bosse il n'y a qu'une différence relative des parties, due à l'éclairage plus ou moins incliné qu'elles reçoivent. C'est ce rapport de toutes les saillies entre elles et des ombres qu'elles forment qui donne l'impression du relief.

Aussi lorsqu'on tient compte des distances auxquelles doivent être vus les ornements sculptés, est-il nécessaire d'accentuer plus la saillie, de creuser plus profondément la pierre, à mesure que la sculpture s'éloigne. Dans un édifice les parties ornementales deviennent plus intenses et plus creuses lorsqu'elles s'élèvent vers les parties supérieures.

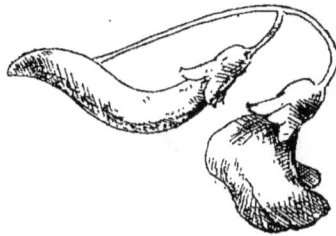

Fig. 527. — Haricot.

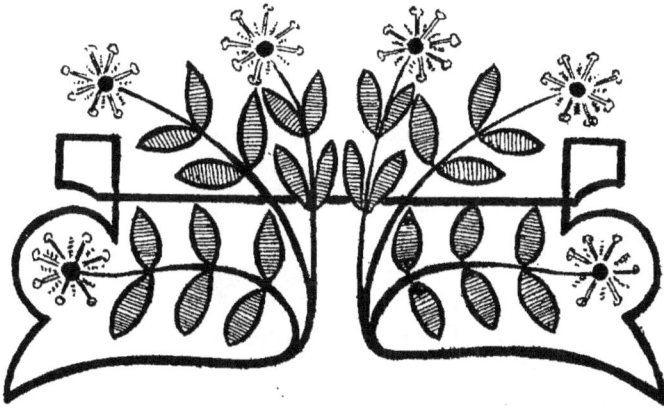

Fig. 528. — Fleur ornemanisée.

CHAPITRE XVII

RÈGLES DE LA COMPOSITION

COMMENT ON DOIT DESSINER LA PLANTE.

Qualités exigées du décor. — Le sens dominant.
Le mouvement. — L'ornement suit les conditions imposées
par la nature. — Choix des éléments floraux.
La plante varie à ses divers moments.
Moyens de documentation. — Dessins et herbiers.

QUALITÉS EXIGÉES D'UNE BONNE ORNEMENTATION.

Toute ornementation, comme toute œuvre d'art, est susceptible de recevoir les qualificatifs les plus divers. Elle est balancée, harmonieuse, pondérée, sobre, discrète, équilibrée, puissante, nerveuse, intense, forte, gracieuse, élégante, elle vit, elle est animée. Pour réunir tant de qualités, il faut qu'elle remplisse de nombreuses conditions et qu'elle réponde aux règles qui peuvent la régir.

Ces règles sont les lois ornementales qui feront plus loin l'objet d'un plus long développement.

Il y a un certain nombre d'autres conditions générales qu'elles n'examinent pas et sur lesquelles il est utile cependant, de s'arrêter.

LE SENS DOMINANT.

Le sens dominant d'une forme décorative est l'une de ces conditions.

Affirmer le sens dominant, soit en hauteur, soit en largeur, c'est lui donner un rapport de mesure bien proportionné, permettant d'établir un cadre limité, renfermant tous les motifs de l'ornementation, sans qu'il y ait d'exagération dans le rapport de la hauteur avec la largeur.

Il est bon de limiter les mesures extrêmes, dépassées, elles obligent à ajouter des motifs supplémentaires qui tiennent à l'ensemble, mais qui peuvent néanmoins s'en détacher, c'est ainsi que la Renaissance a décoré les frises horizontales sculptées, ou les pilastres verticaux dont l'ornementation rouennaise présente de très beaux exemples.

LE MOUVEMENT.

La disposition des éléments suit le mouvement indiqué par la nature, une tête ne peut être vue renversée, une ornementation, même si l'on recherche du nouveau à outrance, ne peut être vue à l'envers. Si la nature présente une disposition quelconque, elle peut être acceptée, en se rapprochant de la nature on atteint la perfection.

La loi fondamentale est le mouvement, la nature vit, la

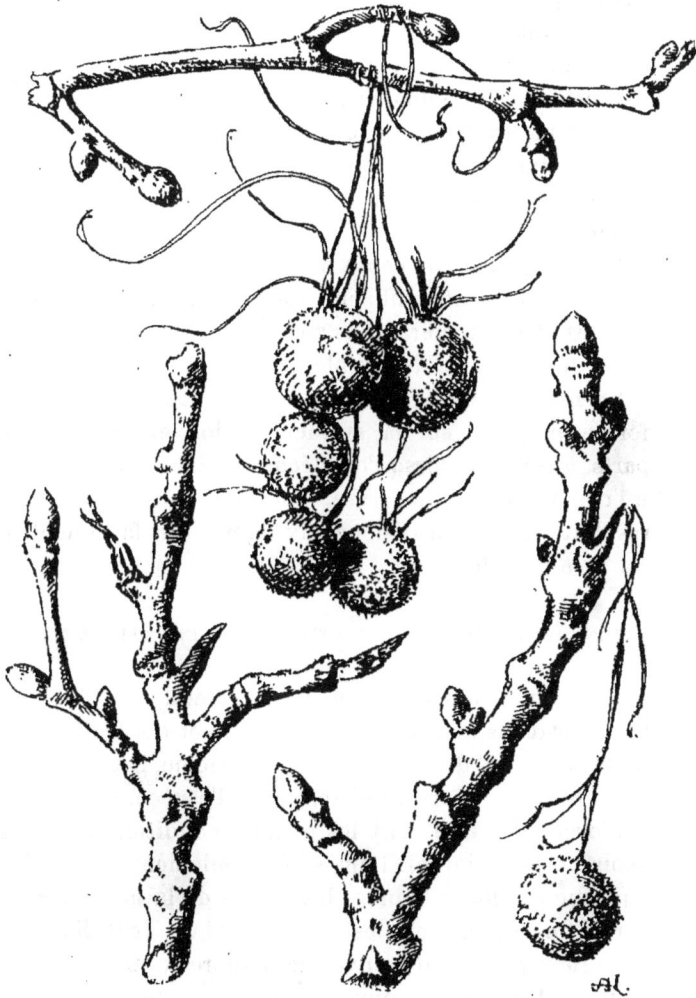

Fig. 529 à 531. — Fruit d'hiver. — Le platane.

plante qu'on désigne sous le nom de plante vivante naît, et s'accroît, elle a donc un mouvement. Elle est souple et gracieuse parce qu'elle vit.

Il est inutile de donner à la plante un caractère archaïque, le naturalisme lui suffit. Les belles périodes de l'art ornemental l'ont bien compris, toutes ont recherché le mouvement qui apportait avec lui la souplesse et la grâce.

C'est la principale cause d'impuissance de la décoration romaine. Elle donnait une raideur géométrique à ses rosaces et ne s'inspirait pas suffisamment du beau mouvement de la rosace du temple de Jupiter Stator.

Le mouvement ne doit pas exister seulement dans la forme projetée sur la surface, il doit exister de toutes parts, aussi bien lorsqu'on décore un bas-relief, que lorsqu'on ornemente un vase. On doit pour arriver à ce résultat, enlever la raideur aux lignes, car la ligne droite est rare dans la plante.

L'ORNEMENT SUIT LES CONDITIONS IMPOSÉES PAR LA NATURE.

Dans son évolution annuelle, le végétal naît, développe ses bourgeons, ses feuilles, ses fleurs et ses fruits et partant d'un point de départ qui est la racine, il trouve à son point terminal le fruit qui reproduit l'espèce.

L'ornementation suit les mêmes conditions; elle doit avoir un point initial. Dans son enroulement et son développement, elle doit suivre les phases de la nature. Si elle part d'une racine, elle est logique, si on veut dissimuler cette racine, on peut trouver de nombreux moyens pour y arriver; il faut néanmoins qu'on sente que cette tige n'a pas été brutalement coupée.

Il est si vrai que tout doit ressembler à la plante, qu'on ne peut commettre de faute plus grave que de placer sur une plante les fruits ou les feuilles d'une autre espèce; ce sont des licences artistiques que le bon goût réprouve.

Pour bien se pénétrer de la beauté de la plante et pour éviter de commettre tant de fautes impardonnables, il est un moyen bien facile d'y parvenir, c'est de la connaître.

Pour la connaître, il ne suffit pas de la regarder, il ne suffit même pas de la reproduire ou de dessiner succinctement certaines de ses parties, il faut encore la connaître par le détail, la décomposer, la voir à tous ses moments et sous tous ses aspects.

CHOIX DES ÉLÉMENTS FLORAUX.

On ne dessine pas indifféremment la plante, il faut encore savoir la choisir. Pour cela, il n'est pas une plante qui n'ait son genre de beauté et qui ne présente à l'œil expérimenté des détails du plus vif intérêt. On ne saurait trop recommander à ce sujet de faire un choix éclectique, le petit pois, la carotte, les légumes qu'on a le tort de mépriser, sont des éléments décoratifs parfaits. Ne limitons pas non plus à quelques plantes notre herbier. Étudions-les toutes avec le même intérêt et, si le nom de pomme de terre ne suffit pas à notre ambition, étudions la morelle tuberosum, nom scientifique derrière lequel cette solanée cache son nom vulgaire; traduisons-la, elle nous récompensera de nos peines.

LA PLANTE DESSINÉE.

Avec une seule espèce, on connaît presque toutes les autres. On voit tout d'abord un bourgeon sortir de terre, il se développe, une tige naît, les feuilles apparaissent, le bouton de sa fleur vient à son tour, la fleur s'épanouit, les pétales tombent, donnent naissance au fruit et voilà une espèce connue. Est-elle connue complètement ? Pas encore, elle sera curieuse même en hiver. Son fruit, comme celui du platane, sera suspendu aux branches de l'arbre par une merveille d'équilibre, les filaments qui sont les derniers vestiges de la tige interviendront pour lui donner la grâce et une grande légèreté (fig. 529 à 551).

VARIÉTÉ DE LA PLANTE A SES DIVERS MOMENTS.

Si elle avait été dessinée chaque jour, si chacun de ses détails avait été étudié pour lui-même, si elle avait été prise sous tous ses aspects, si on l'avait disséquée pour connaître les raisons de son admirable existence, quelle étude fructueuse on aurait faite !

Et ce n'est rien encore, car les espèces sont nombreuses, on en connaît plus de 100,000, la plus grande variété existe dans le parfum, dans la couleur et dans la forme. Pour chaque espèce, malgré l'air de famille qu'elle peut avoir avec sa voisine, elle ne lui ressemble cependant pas absolument et il y a des différences notables.

L'une des branches pousse à droite, une autre a avorté, une feuille est plus ou moins découpée, une fleur plus ou moins grande ou plus inclinée que sa voisine, il y a dans la nature une variété si grande qu'il est impossible de trouver deux formes rigoureusement semblables soit dans les feuilles, soit dans les fleurs.

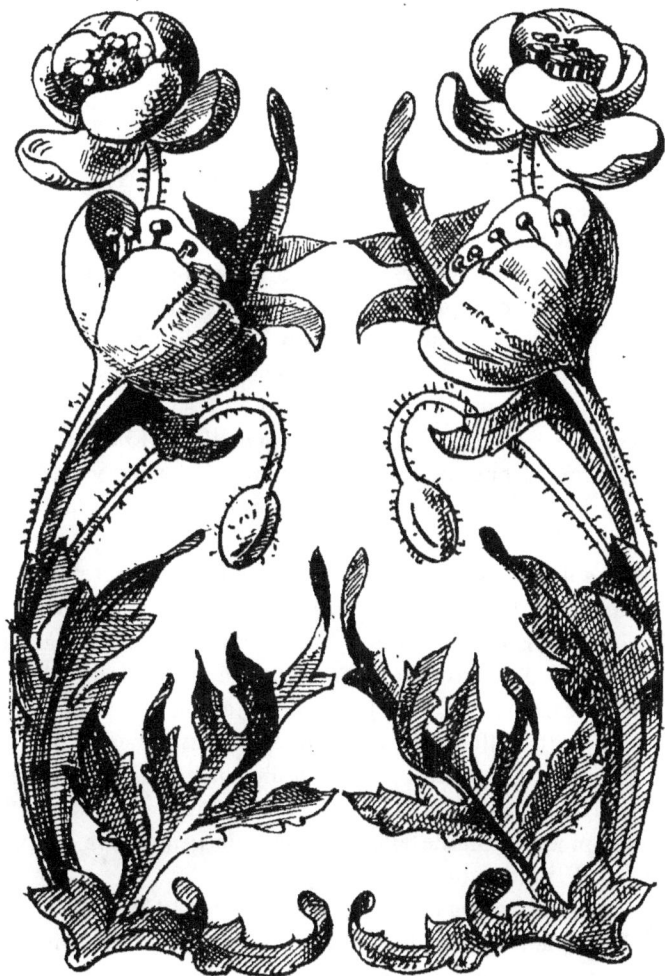

Fig. 552. — Motif décoratif emprunté au pavot. — Disposition
symétrique d'un motif renversé.

MOYEN DE SE DOCUMENTER.

Il est facile de se procurer une riche documentation. Plusieurs moyens se présentent pour faire cette
récolte, soit à l'aide du dessin, soit en constituant un
herbier.

Il est peut-être utile de réunir les vraies plantes si on
sait les disposer et les conserver en herbier. Le dessinateur
qui n'a besoin que des formes, ne recherche aucune classification, il lui suffit de réunir de belles plantes et cela
peut le satisfaire. Dans un herbier, malheureusement, la
plante en séchant et en s'aplatissant se déforme. Elle ne
conserve ni sa physionomie ni sa couleur. Elle n'est qu'un
document auquel on peut recourir. Elle ne vaut pas le
dessin qui n'est cependant qu'une représentation d'une
forme insuffisamment traduite quelquefois.

Le dessin pour être utile doit être très exactement pris
sur la nature elle-même. Il doit être d'une ressemblance
rigoureusement parfaite, fidèle dans les détails, à peine
ombré, d'un dessin ferme et précis. Il faut s'arrêter
à la minutie des attaches. Un ensemble est accompagné
des parties détaillées, quelquefois agrandies. Lorsqu'on
dessine une plante cueillie à l'avance, elle est fanée, sa
reproduction en souffre. Il est préférable de la dessiner
sur pied, en pleine vie, avec toute la grâce et la souplesse
qu'elle peut avoir.

Les indications manuscrites, de date et de lieu, le nom
de la plante, complètent avec avantage les dessins. Les
dessins peuvent être conservés dans des albums. Le meil-
leur classement est celui de la feuille volante qui permet
de réunir les éléments de même nature.

Des publications scientifiques importantes possèdent des dessins admirablement exécutés. On ne saurait se servir de ces publications que pour l'identification de la plante et sa classification. Les dessins y sont habilement faits, certains détails mettent en évidence les beautés scientifiques de la plante, mais c'est encore insuffisant pour l'artiste, une copie d'un dessin n'est qu'une traduction au second degré, aussi pour la plus grande perfection du document, la plante doit-elle être dessinée d'après nature.

Fig. 552. — Dessin japonais.

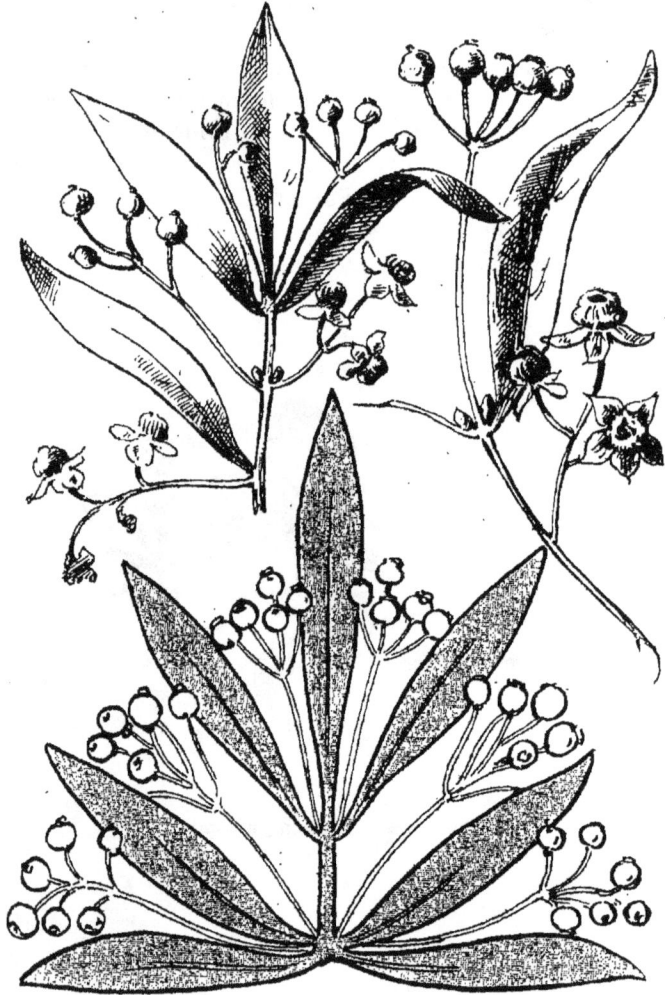

Fig. 554 à 556. — Dompte-venin. — Application décorative
à une forme rayonnant en éventail.

FIG. 537. — Ornement symétrique.

CHAPITRE XVIII

LA SYMÉTRIE

Règles de l'ornementation. — La symétrie, sens du mot.
La symétrie est une des lois de la nature. — Unité de conception.
La symétrie et les styles.

RÈGLES DE L'ORNEMENTATION.

Il résulte des remarques et des observations qui viennent d'être exposées, qu'on ne peut obtenir un résultat sérieux en composition décorative, qu'en appliquant avec méthode, les règles qui en fixent les conditions. Ces règles ne livrent rien au hasard, elles fixent la position des lignes, divisent les surfaces, répètent les motifs, font naître une sorte de schéma sur lequel apparaîtront les détails du décor. Ces règles qu'on désigne sous le nom de lois ornementales sont basées sur la géométrie.

Elles ne sont pas nombreuses, voici les principales :

1° La Symétrie.
2° Le Rayonnement.
5° La Répétition.
4° L'Alternance.
5° La Gradation.
6° L'Accident.

Elles n'ont pas toutes la même importance, elles ne réunissent pas tous les éléments nécessaires au génie inventif du dessinateur. En les appliquant on n'aura pas nécessairement fait une œuvre d'art, mais on ne commettra pas, du moins, de grosses fautes.

La possession des documents ou des modèles floraux passe en première ligne, leur disposition ornementale présente une importance moindre.

LA SYMÉTRIE.

La *Symétrie* est la plus répandue des lois ornementales. Elle existe presque partout dans la nature, il n'y a pas un être organisé qui ne soit symétrique ; dans la nature végétale c'est presque une condition de vie ; une feuille, une fleur, un fruit sont symétriques.

La symétrie est une disposition ornementale qui reproduit de chaque côté d'un axe, une figure semblable mais renversée, c'est plus particulièrement même, la reproduction renversée de la moitié de cette figure.

C'est une disposition analogue à celle qu'on obtiendrait si sur la moitié d'une feuille repliée on faisait une tache d'encre que l'autre moitié de la feuille reproduirait inversement. Il en serait de même du résultat qu'on obtiendrait en dépliant une feuille de papier qu'on aurait découpée en se servant du pli comme ligne d'axe.

Cette ligne prend le nom d'*axe de symétrie*.

L'emploi de la *symétrie* donne à l'ornementation un caractère de stabilité et d'équilibre, elle balance tous les éléments, elle place de chaque côté de l'axe, une égalité d'aspect qui pose la forme. Si un vase manquait de symétrie il manquerait d'équilibre. Il a au contraire un air de solidité, il ne semble pas tomber quand les formes sont symétriques. Les formes sont de force égale, d'aspect semblable, elles ont des mesures corrélatives entre elles, qui assurent la stabilité.

SENS DU MOT SYMÉTRIE.

Le mot symétrie a plusieurs sens, il donne aussi l'idée de proportion et d'équilibre. Ce sens est aussi attaché dans la nature à l'idée de proportion ; quand on dit qu'une plante est symétrique on exprime l'idée qu'elle est bien équilibrée et que ses parties se répètent avec uniformité.

Dans l'architecture c'est le même sens qu'il faut attacher, il faut y joindre l'idée d'un rhytme, d'une mesure et d'un rapport technique de correspondance identique.

C'est d'après la juste correspondance de hauteur, de largeur, de longueur, entre toutes les parties d'un édifice et l'exécution architecturale de son ordonnance, que, selon Vitruve, se forme sa proportion symétrique.

Dans l'acception du mot et dans l'application qui doit en être faite dans la composition ornementale le mot symétrie veut définir l'exacte correspondance de parties similaires qui se répètent d'un côté comme de l'autre soit pour la dimension, soit dans la composition des masses, soit dans l'entière conformité des détails.

LA SYMÉTRIE EST UNE DES LOIS DE LA NATURE.

Si l'on cherche le principe de cette division d'un tout quelconque en deux parties semblables, uniformes et renversées, il semble qu'on le trouve dans le sentiment qui fait admirer une si grande partie des œuvres de la nature et qui nous invite à en transporter l'imitation dans nos productions artistiques. Il est à remarquer du reste que la nature a pris soin d'user de la symétrie presque sans aucune exception dans toute l'organisation extérieure des créatures vivantes et animées et particulièrement dans les plantes.

UNITÉ DE CONCEPTION.

Aussi l'homme s'est trouvé porté par instinct à appliquer cette propriété lorsqu'il a voulu donner l'idée d'unité de plan, de moyen et de but.

La répétition identique des mêmes éléments et le principe de symétrie sont tellement inhérents à la composition décorative que si l'on voulait mettre en parallèle des formes inégales de mesure et d'aspect elles tomberaient et paraîtraient composées de morceaux disparates; le plaisir de l'unité disparaîtrait devant un sentiment pénible de disproportion.

LA SYMÉTRIE ET LES STYLES.

Tous les styles ont utilisé la symétrie ornementale, la première construction a été symétrique, les Égyptiens, les Assyriens et les Grecs l'ont placée partout.

Au moyen âge peut-être cherchait-on à y échapper, mais si le détail n'était pas toujours semblable, l'effet d'équi-

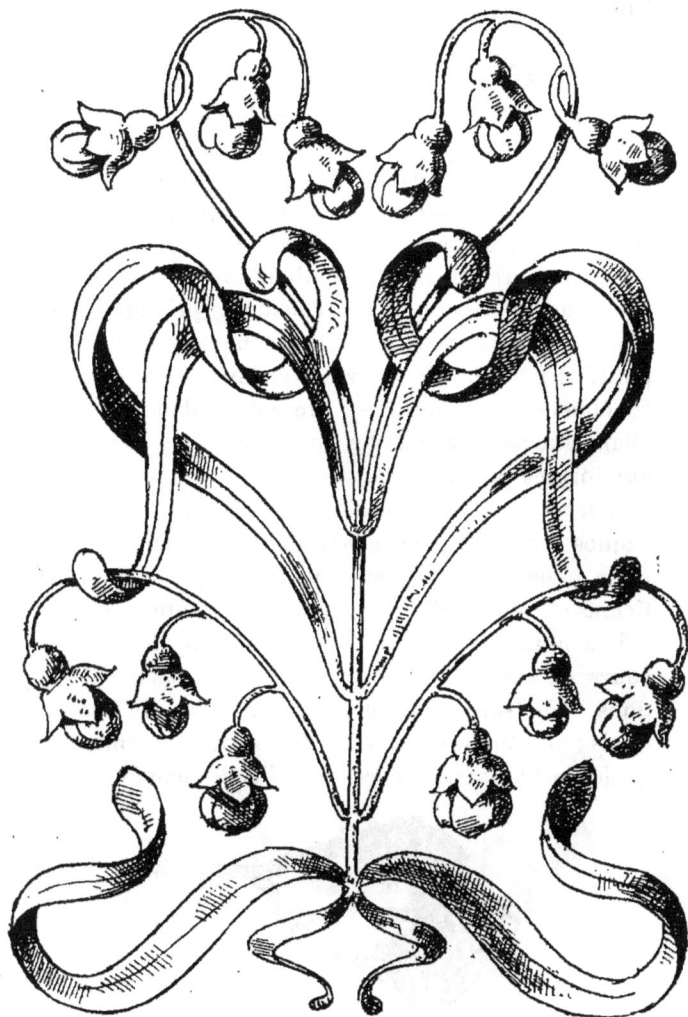

FIG. 538. — Altæa. — Arrangement d'un motif symétrique.

libre et d'aspect subsistait et l'apparence était sauve-
gardée.

Lorsqu'on veut réaliser en ornementation un motif
symétrique on prend la moitié du motif placé d'un côté de
l'axe et on le reporte de l'autre. Ce procédé qui paraît élé-
mentaire ne donne pas fatalement un résultat favorable. Le
dessin sera équilibré et cependant disproportionné. Il faut
pour obtenir un résultat favorable donner à chaque partie
une valeur relative à l'ensemble, songer au point initial
des éléments, faire valoir l'élément principal dans un
motif de plus grande intensité, composer en un mot avec
goût. Il faut garnir les vides et laisser de l'air, disposer
les éléments comme ils se présentent dans la nature en
allant successivement des formes lourdes et importantes
aux formes plus légères.

Il n'est pas indispensable que les deux parties symétriques soient soudées ensemble, néanmoins il est préférable pour qu'une forme soit bien équilibrée qu'elle se
tienne et qu'elle ait un point initial commun.

Les nombreux exemples dessinés et donnés dans le
cours de cet ouvrage sont en majeure partie des répéti-
tions symétriques, en-têtes de chapitres, décorations de
fonds ; ils appliquent cette disposition ornementale que
quelques paysages décoratifs utilisent eux-mêmes.

Fig. 559. — Mélèze.

FIG. 540. — Laurier de Portugal.

CHAPITRE XIX

LOIS ORNEMENTALES — LE RAYONNEMENT

Les styles l'utilisent. — Diverses dispositions.
Divisions du cercle en parties rayonnantes. — Applications
aux arts.

LES STYLES UTILISENT LE RAYONNEMENT.

Après la symétrie la règle ornementale la plus répandue est le *Rayonnement*. C'est une disposition qui place régulièrement les éléments décoratifs dans une surface circulaire et qui semble les diriger tous vers le point de centre.

C'est au centre que se trouve ou le point de départ ou le point d'arrivée des éléments qui constituent le décor.

La nature, dans l'immense variété de ses éléments floraux a inspiré, comme pour la symétrie, cette loi ornementale.

Le Rayonnement, a donné naissance à la rosace que tous les styles ont utilisée.

Fig. 541. — Pyrètre. Ensemble, détails de fleurs. — Application
à la décoration d'un cercle divisé en cinq.

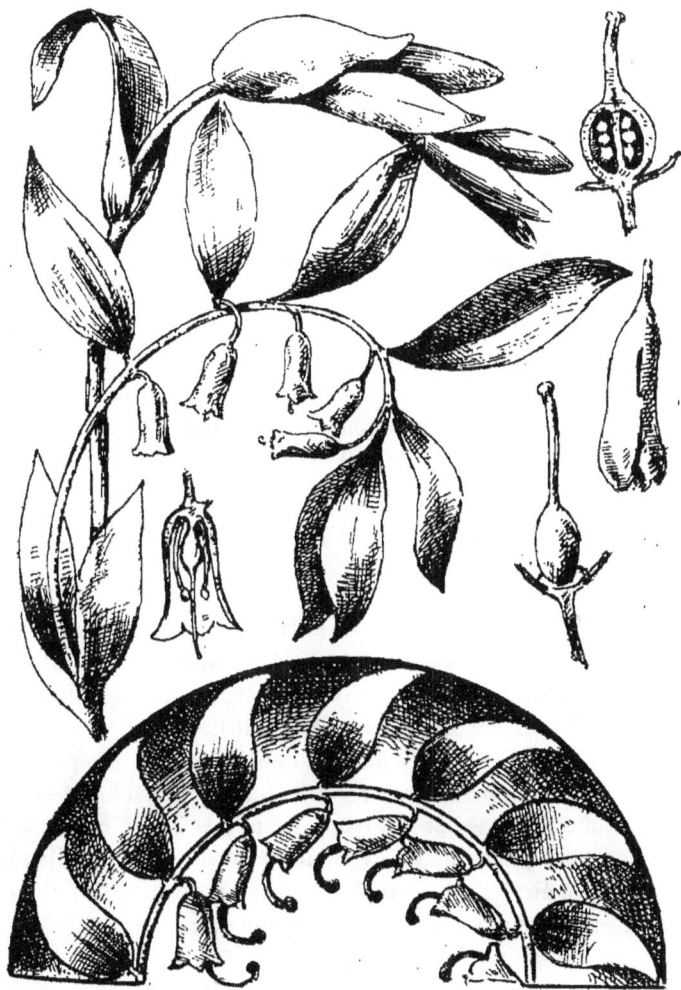

Fig. 542 et 543. — Sceau de Salomon. Tiges, fleurs et ovaires.
Application à une bordure circulaire.

Le Rayonnement ne s'applique pas seulement à la rosace, il y a rayonnement chaque fois qu'autour d'un point fixe partent des éléments décoratifs ou floraux, ainsi une palmette est rayonnante, les feuilles d'un pissenlit, ou d'une plante radicale comme le plantain, subissent la loi du rayonnement.

Si même le point d'attache ou de centre n'existe pas, le rayonnement subsiste toujours, même lorsque le centre n'est que supposé. Il en est ainsi, lorsqu'on décore la bordure d'une assiette; c'est une bordure circulaire dont tous les détails convergent vers le centre (fig. 542 et 543). La disposition laisse supposer que des rayons partant du même point à égale distance, divisent en parties égales le champ du décor qui est un cercle.

DIVERSES DISPOSITIONS DU RAYONNEMENT.

Cette division dans ce cas n'est que géométrique, la ligne de division ne peut servir à l'ornementation, sa fonction est limitée à la division des formes.

Lorsque le rayon converge autour du point de centre et qu'il a lui-même une courbure, il devient ornemental.

Cette courbure peut être contenue dans un plan rayonnant, aboutir au centre, affecter un mouvement en trajectoire comme les courbes d'un jet d'eau et former une rosace pleine de mouvement et de vie. C'est la disposition de la Rosace du temple de Jupiter Stator, qui s'applique plus particulièrement à la forme en relief.

Une forme courbe peut aussi être donnée au rayon. Ce rayon répété ayant la même courbure prend sa place dans chacun des secteurs, il les remplit lorsqu'il est complété par le motif décoratif qui l'accompagne.

Le remplissage de la surface ne constitue pas un motif ornemental unique. Les bordures ornées des assiettes et des plats sont rayonnantes. Les plus beaux exemples sont ceux que présente la faïence de Rouen, d'une finesse et d'une richesse de détails si séduisante.

LA FLEUR EST RAYONNANTE.

C'est dans la fleur qu'il faut rechercher les plus belles dispositions rayonnantes.

Elles sont toutes, ou presque toutes, rayonnantes, les crucifères, les rotacées, les ombellifères, tournent autour d'un même point en sortant du calice. Les feuilles verticillées sont elles-mêmes de vraies rosaces.

Quelquefois, avec la souplesse qu'a chacune des enveloppes florales, avec l'alternance et l'opposition des différentes parties de l'androcée ou du gynécée, des pistils ou des étamines, des pétales ou des sépales, d'autres causes viennent encore modifier profondément le rayonnement.

Les formes chevauchent, ou bien, placées sur une ligne en spirale, elles semblent agir dans tous les sens et dans toutes les directions.

La fleur décomposée dans les magnifiques diagrammes que les botanistes ont fait connaître, accuse des dispositions inconnues de l'ornemaniste qui peut ainsi y trouver une source inépuisable d'ornements nouveaux.

Ce qu'on peut remarquer aussi dans la fleur, c'est la division presque toujours égale du cercle et la forme extrêmement variée des détails qui recouvrent ces divisions.

Il est bon de signaler aussi que l'alternance des enveloppes florales double presque toujours aussi le nombre

FIG. 544 et 545. — Seneçon. Divers détails.
Application à la décoration d'un hexagone régulier.

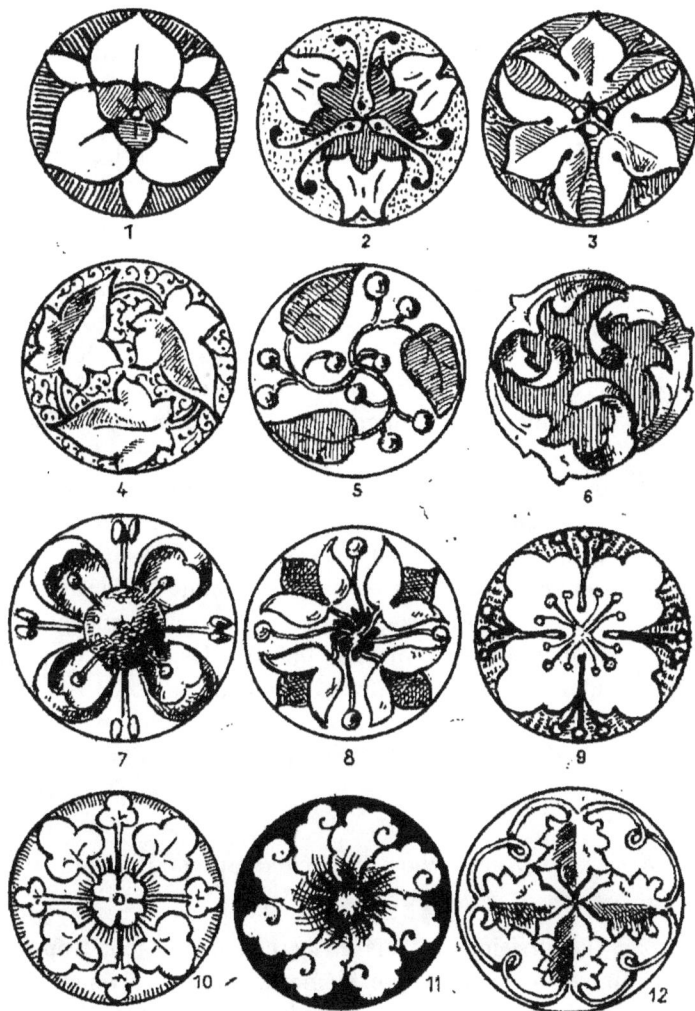

FIG. 546 à 557. — Rosaces diverses empruntées aux dispositions florales et pouvant recevoir leur application à l'art industriel : bijouterie, niellure, etc.

des divisions de la fleur. A la division trois, des pétales de l'ancolie, correspond la division six de ses trois pétales. (fig. 614).

En s'appuyant sur la division du cercle, on trouve, une disposition semblable dans le tracé des polygones réguliers. La division polygonale en trois, subdivisée en six, de l'hexagone est une disposition semblable. Les figures 544 et 545 qui emploient le séneçon en sont des exemples.

C'est donc autant les polygones qu'on décore que le cercle, polygones inscrits dans le cercle. Il est à remarquer que généralement le nombre pair des divisions ne donne pas un résultat qui satisfait l'œil. Les divisions sont trop régulières, elles deviennent symétriques elles échappent à la loi du rayonnement. Une crucifère divisée en quatre comme la pervenche, est moins décorative qu'une rosacée divisée en cinq comme l'églantine.

Les nombres trois, cinq et sept se retrouvent presque toujours dans les dispositions florales, et ceci ne peut être qu'une indication utile à l'ornemaniste.

Aussi les belles périodes d'art ont-elles compris qu'il fallait choisir, de préférence, les nombres impairs.

APPLICATION DU RAYONNEMENT AUX ARTS.

La division en trois du cercle, donne une trop grande importance à chaque élément. Dans la division en cinq parties, les résultats sont plus satisfaisants; elle est plus complète que celle en trois et moins compliquée que celle en sept, qui ne va guère qu'à des surfaces un peu importantes. Répéter sept fois le même motif devient monotone, il est pénible et difficile de dégager l'idée qui a servi à composer le décor.

Avec la division en cinq, les parties sont suffisamment grandes, l'idée de symétrie disparaît, le rayonnement s'affirme, à un vide, correspond un plein, c'est une disposition parfaite.

L'art ogival du xive siècle, dit rayonnant, a utilisé cette disposition décorative pour l'exécution de ses meneaux; tout un art, peut-être le plus complet et le plus pur de toute la période ogivale, en est résulté.

Il y a dans les formes naturelles une très grande souplesse qu'il ne faut pas manquer de mettre en évidence; trouver le mouvement et la vie, c'est ajouter au dessin la beauté et les qualités d'une forme vraie et vivante. Il est quelquefois difficile d'atteindre ce résultat; ainsi, dans une décoration plate, le dessin n'est souvent indiqué que par les teintes et les contours, c'est insuffisant car la nature n'est pas plate, c'est par la saillie qu'elle donne les plus belles formes. Un décor bien compris doit l'affirmer et lui donner le relief.

Il est un point qui doit encore arrêter le dessinateur; toutes les enveloppes florales ont en général le même nombre de parties ou un nombre multiple de ces parties, c'est faire preuve de mauvais goût, que de placer dans une enveloppe florale divisée en quatre, une ornementation divisée en cinq.

Cette opinion n'est pas absolue; ainsi, il reste trois loges à un fruit de volubilis qui avait cinq divisions (fig. 666).

La rosace est un motif décoratif se suffisant à elle-même, elle pénètre aussi fréquemment dans des compositions

FIG. 558 et 559. — Motifs et détails appliqués à la décoration
d'une rosace.

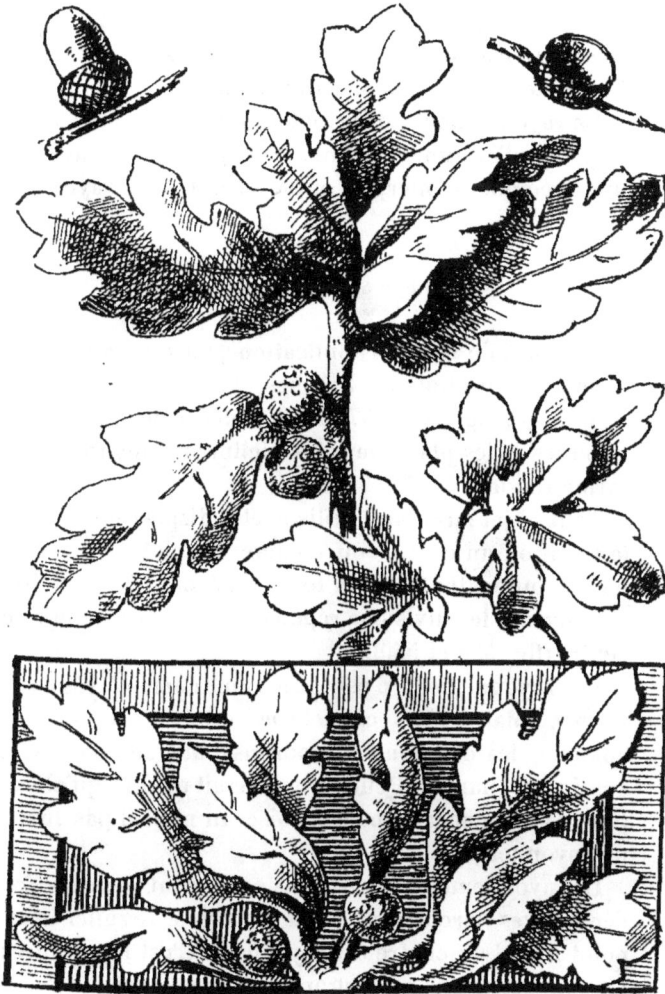

Fig. 560 et 561 — Le chêne. Une branche chargée de la noix de Galles.
Application à la décoration d'un carré.

plus compliquées. C'est ainsi que dans l'ornementation romaine, les rinceaux ont des rosaces qui, comme des fleurs, terminent les enroulements.

Le rayonnement est partout très répandu dans la nature, une toile d'araignée rayonne, un pissenlit, une coquille, une anémone de mer, un oursin affectent ce rayonnement.

APPLICATIONS DÉCORATIVES.

Au point de vue des applications, l'usage en est répandu dans la décoration des broches, des boutons, des boîtiers de montre, (fig. 546 à 557), dans le décor des vases, dans les assiettes et les plats, dans les niellures, dans tout motif de forme ronde.

Tout objet circulaire utilise cette disposition. Placé sur le bord, ou au centre, ou comme les plats de Rouen, au bord et au centre tout à la fois, le décor utilise une infinité de moyens, les divisions répétées convergeant toujours au centre (fig. 558 et 559).

Le rayonnement n'est pas uniquement réservé aux formes plates. Les cannelures ou les divisions d'une colonne, les divisions en godrons d'un fond de vase, sont aussi rayonnantes. Peut-être pourrait-on dire qu'elles sont placées en faisceau, mais le faisceau n'est-il pas lui-même du rayonnement.

Le rayonnement n'existe pas seulement pour les formes décoratives circulaires. Tout polygone régulier ayant un point initial au centre est rayonnant. C'est le cas du carré. Les médianes et les diagonales qui passent au centre du carré, le divisent très exactement avec des formes huit fois répétées, renversées deux à deux et quatre fois symétri-

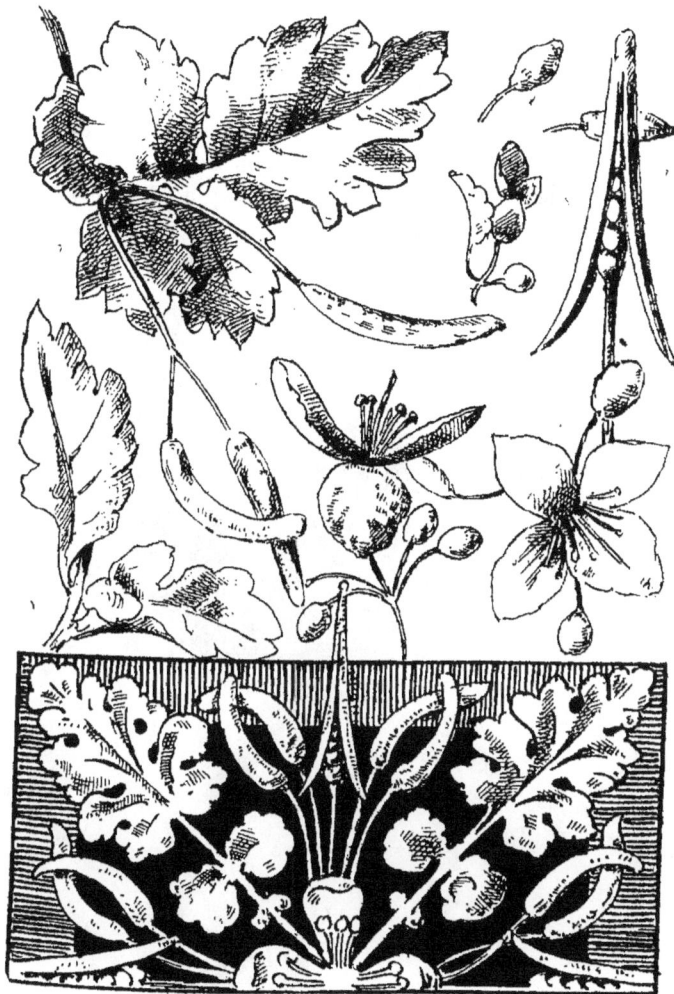

Fig. 562 et 563. — Chélidoine-éclaire. — Disposition décorative
d'un carré.

ques, pouvant contenir quatre triangles symétriques si ce
sont les diagonales, qui découpent le carré, et quatre
carrés si ce sont les médianes. La planche de chêne
(fig. 560 et 561), et celle de chélidoine-éclaire, ont un carré
divisé en quatre parties subdivisées à leur tour en deux,
pour leur représentation symétrique, le chêne remplit
la surface des quatre petits carrés, le chélidoine s'appuie
sur les lignes de division pour orner le grand carré.

Fig. 564. — Gros chardon.

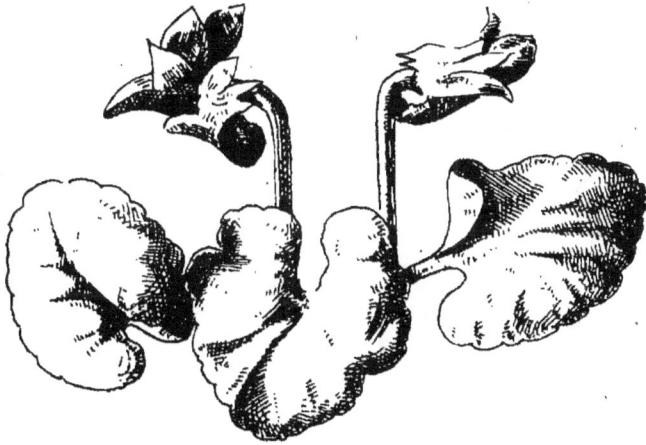

FIG. 565. — Violette. Feuilles et fleurs.

CHAPITRE XX

RÉPÉTITION ET ALTERNANCE

La forme à décorer impose ses conditions.
Disposition des motifs répétés.
Applications décoratives de la répétition et de l'alternance.

LA FORME A DÉCORER IMPOSE SES CONDITIONS.

Il n'est pas toujours possible de limiter à un motif principal le sujet du décor. De la dimension de la surface à décorer résulte un choix qui lui est particulier. Une ornementation en bordure, nécessite la répétition du motif choisi, couvrir de même une grande surface n'est possible, qu'à la condition de répéter un certain nombre de fois le motif. C'est par l'emploi d'un motif décoratif répété, que se trouve réalisée la division de la surface d'un dallage, d'un papier peint, d'un vitrail ou de tout autre motif analogue. Un vase, une colonne, se décorent par la répétition d'un élément placé à des intervalles réguliers

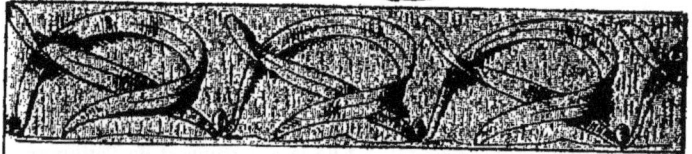

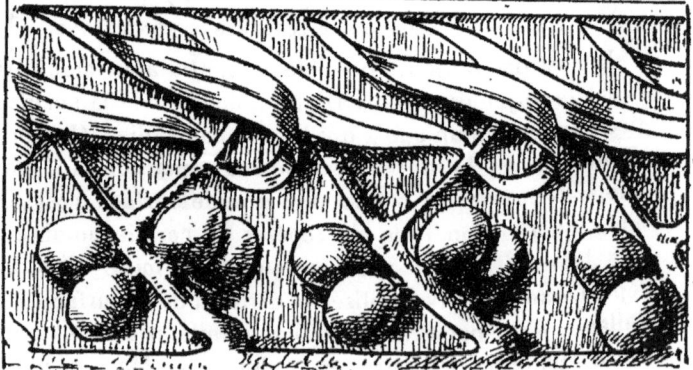

FIG. 566 à 568. — Pêcher. Fruit formé. — Applications décoratives
utilisant la répétition.

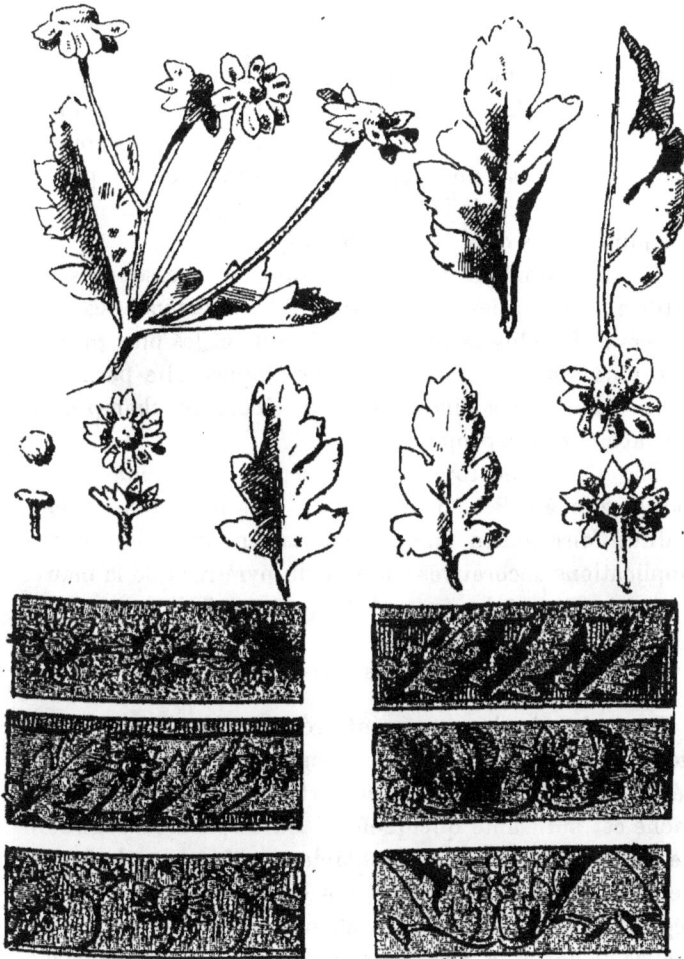

FIG. 569 à 577. — Le pyrètre. Divers détails de la plante.
Applications décoratives.

LA RÉPÉTITION.

La *répétition* est donc une disposition très répandue
dans l'art ornemental, elle l'est pour le moins autant dans
la nature, les feuilles d'une même plante se ressemblent,
les fleurs sont identiques, et, sans que ce soit au point de
vue ornemental une répétition rigoureuse, c'est pour la
nature un moyen de jeter la variété et d'ajouter un élément
de plus à ceux dont elle dispose déjà.

La répétition présente de nombreuses ressources, elle
utilise, suivant les circonstances, les éléments les plus
divers et les plus variés, les plus petits et les plus grands,
les plus simples et les plus compliqués, elle permet de
tenir compte des dimensions du décor, du champ de la
surface et de ses proportions.

Elle s'applique tout aussi bien aux ornementations en
bordure qu'à celles en surface. Le plus petit motif répété
suffit à faire naître une ornementation satisfaisante. Les
applications décoratives simples, du pyrètre et de la mauve
sauvage en sont des exemples (fig. 569 à 584).

DISPOSITION DES MOTIFS RÉPÉTÉS.

Pour obtenir des ornements répétés il suffit de jeter à
des distances régulières et mesurées, un motif dont la
répétition suffit à obtenir une surface décorée. Une simple
tache est suffisante quelquefois. La disposition régulière
de feuilles naturelles et semblables, de fleurs ou de fruits,
permet du reste de réaliser des ornements vrais, c'est la
régularité avec laquelle ces éléments ont été placés qui
réalise le décor et c'est leur répétition, sur une surface
géométriquement divisée, qui en est la cause.

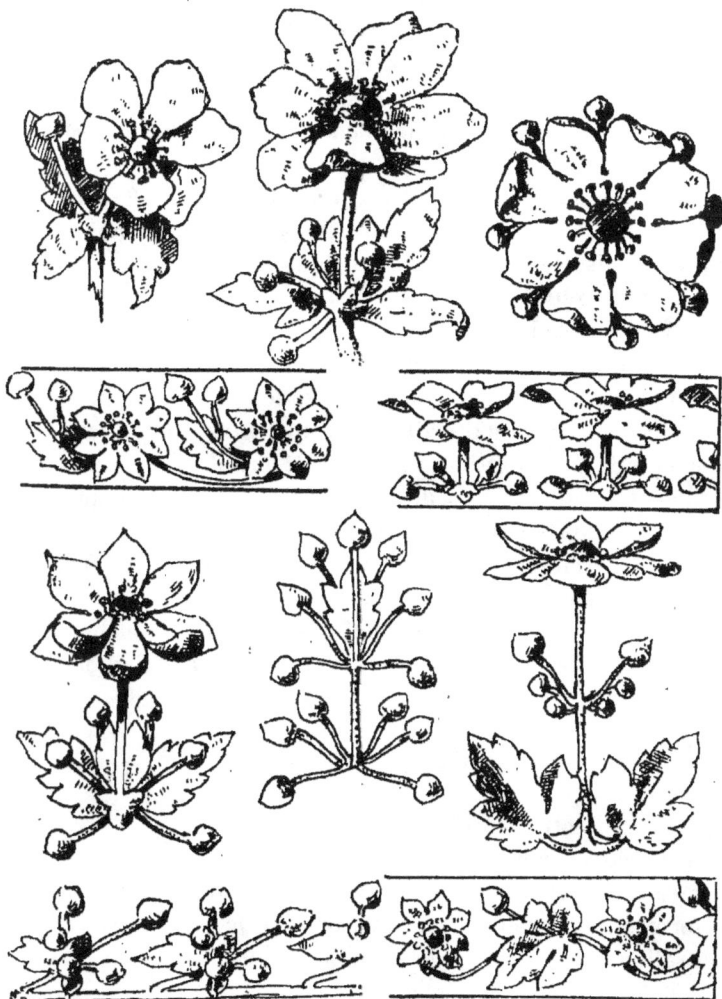

FIG. 578 à 584. — La mauve sauvage. Détails divers de la plante.
Applications décoratives diverses.

Pour la surface, c'est la division géométrique avec emploi du carré et du triangle et des figures analogues qui s'impose; pour les bordures une simple ligne droite, penchée ou courbée, placée à des distances régulières qui suffit; c'est donc toujours la théorie géométrique qui est appliquée.

Cette division faite, on place dans chacune des figures polygonales, ou sur chaque limite linéaire, le dessin qu'on reproduit aisément à l'aide d'un calque.

Le dessin répété se retrouve particulièrement dans les bordures d'encadrement.

Le motif peint ou en relief comme ceux en bois sculpté ou en pâte des miroitiers, se succède, se répète et se relie au précédent sans qu'il y ait monotonie, sans que l'attention s'arrête à rechercher l'élément décoratif. Il n'y a pas d'ailleurs d'autre moyen de décorer une moulure ou une bordure de longue dimension; cette répétition du même motif est devenue d'un usage si constant, qu'on fabrique mécaniquement des moulures sculptées. Qu'on place sur des meubles soit des clous, soit des motifs semblables en métal, leur répétition régulière suffit à faire un décor.

APPLICATIONS DU MOTIF RÉPÉTÉ.

C'est pour cette cause que le papier peint est nécessairement un dessin à motif répété.

Il est facile de comprendre qu'une trop grande diversité de formes ne permettrait pas aux parties de se réunir, la réalisation d'un modèle deviendrait ainsi onéreuse et difficile.

On sait que, pour chaque couleur il faut un rouleau

FIG. 585 et 586. — Bouillon blanc. Cime et détail des feuilles.
Application à un motif alterné et renversé.

spécial, sculpté et gravé dans le bois. Pour six couleurs
il faut six rouleaux, pour un grand motif, le prix de revient
s'augmente considérablement.

C'est donc pour toutes ces raisons que l'emploi d'un
motif répété est si fréquent; l'habileté du dessinateur
consiste à réaliser ses motifs avec le moins de couleurs
possible. Quelquefois une seule teinte sur un ton de
fond suffit.

C'est pour les mêmes causes que les étoffes ont en général leurs motifs répétés et rapprochés les uns des autres.
De grands motifs écartés nécessiteraient une perte d'étoffe
pour leur assemblage en vêtement ou en tenture.

La qualité d'un dessin répété réside donc tout particulièrement dans l'enchevêtrement du motif. Quelquefois
un élément du dessin, une fleur, par exemple, appelle plus
vivement l'attention, il a dû être dans ce cas, disposé
d'une façon habile.

On recherchera dans les quelques planches de ce livre
qui ont trait à la division de la surface, l'application des
règles de la répétition. Elle se retrouve aussi dans les
nombreux exercices de répétition en bordure qui y sont
de même réunis. Il y a dans la plupart de ces exemples
dessinés, une disposition oblique de la tige ou plutôt de la
structure générale qu'on essaie de soustraire à la raideur
d'une ligne verticale. Il n'est pas toujours facile d'y échapper, pour peu qu'on veuille rendre le motif symétrique et
lui donner plus d'ampleur il n'est presque plus possible de
l'éviter.

L'ALTERNANCE,

Il y a une disposition ornementale bien utile pour rompre
la monotonie d'un dessin répété. Cette monotonie n'existe

du reste qu'à la condition de vouloir trop rechercher le thème utilisé, mais pour peu qu'on veuille la rompre, l'*alternance* est le moyen le plus favorable pour y parvenir.

L'*alternance* est en somme une disposition semblable à celle de la répétition avec cette différence qu'au lieu d'utiliser un seul motif on en emploie deux à la fois. L'un est mis en place, le deuxième le suit, le premier revient, puis le deuxième reprend la même position à la suite, l'un étant placé dans une division paire, l'autre dans une division impaire.

EMPLOI DE L'ALTERNANCE DANS LE DÉCOR.

Dans un dessin en bordure il faut marquer l'alternance en donnant aux deux éléments choisis des différences de mesure et d'aspect qui les opposent bien l'un à l'autre et les fait par conséquent valoir. Dans la disposition en surface les mêmes causes et les mêmes moyens se présentent ; il faut de même faire usage d'un élément de plus grande dimension, mis en valeur par un plus petit, qui sera, autant que possible, d'une nature semblable au premier, mais différent aussi de forme et d'importance. Il n'est pas nécessaire de les opposer trop brusquement par leurs tonalités, le dessinateur a le droit de choisir les moyens qui lui paraissent présenter le plus d'avantages ; il agit selon les circonstances, et suivant son goût personnel.

L'alternance n'est pas seulement dessinée. Le bijoutier en disposant ses pierres dans un bijou à motifs répétés, alterne les pierres précieuses. Les dispositions répétées et alternées ont été de tout temps appliquées à la décoration aussi bien chez les Égyptiens qui alternaient les fleurs et les boutons du lotus dans leur décoration florale, que chez les artistes du moyen âge qui n'ont pas hésité à répéter sur les longues frises sculptées des églises, des motifs dont la banalité disparaissait grâce à la tonalité uniforme que leur donnait, non seulement la teinte grise de la pierre. mais encore et surtout la répétition d'une tache d'ombre mettant en saillie la forme représentée. Aussi est-ce plutôt à distance et dans les décors de fond et de bordure que les deux lois ornementales, qui viennent d'être examinées, sont acceptables.

La cime du bouillon-blanc et les détails représentés (fig. 585 et 586) s'alternent dans le motif décoratif qui les accompagne. L'alternance est due à la répétition d'un même motif renversé.

FIG. 587. — Motif ornemental.

FIG. 588. — Berle. — Tiges attachées au stipule.

CHAPITRE XXI

CONTRASTE ET COLORATION

Le contraste. — L'accident. — Les motifs isolés.
Applications colorées. — La stabilité. — L'équilibre.
Divers modes de représentation
de la plante dans le décor.

LE CONTRASTE.

Que le contraste soit considéré avec l'accident comme une loi ornementale, on ne peut au point de vue de la structure du dessin le prendre comme tel. C'est plutôt une opposition colorée qu'un dessin opposé à un autre dessin : On peut donc obtenir le contraste entre des valeurs claires et des valeurs foncées, entre des blancs et des noirs. Au point de vue floral, on obtiendrait un contraste entre une plante importante et une autre toute menue, on aurait encore un contraste, dans la division d'une surface qui aurait des bandes lourdes, et des bandes légères, alternées par leur dessin.

Tous les moyens sont bons s'ils aboutissent à un résultat favorable, mais utiliser le contraste comme un moyen n'est pas toujours facile, c'est plutôt le hasard qui le donne et il est probablement préférable de s'en passer.

L'ACCIDENT.

L'accident porterait tout aussi bien le nom d'imprévu. La disposition qui en résulte est inattendue, elle détruit nécessairement les autres règles : la symétrie n'existant plus, l'une des parties du dessin ne s'opposant plus à l'autre, c'est un accident qui le cause.

Qu'on jette sur une table une branche avec ses fleurs et ses feuilles, elle se place accidentellement. Qu'on en suive les contours et qu'on la dessine, elle sera toujours la représentation de la plante, mais ne sera plus ornementale.

Elle ne le redeviendrait qu'à la condition de la reproduire à nouveau à des distances régulières, dans un dessin semblable, ou mieux même, dans un dessin renversé. Il y aurait ainsi, ou alternance, ou répétition d'un même motif, sur une trame géométrique.

L'accident c'est la forme renversée. On est habitué à la voir en haut, un fantaisiste la renverse et la place en bas, le résultat est un accident. Il n'en faut pas trop médire, c'est la mode du jour! En musique, de grands artistes ont pu, sur un thème faux, faire de la musique savante, elle n'a pas été pour cela agréable. Ce qui est faux pour l'oreille en musique, est faux pour l'œil en dessin, quand l'artiste s'inspire d'un thème faux ou qu'il cherche à ren-

verser les éléments décoratifs; il ne peut ainsi faire une
œuvre d'art. Des maîtres seuls peuvent se permettre des
licences de ce genre et ils n'en sortent pas toujours à leur
avantage. Le kaléidoscope qui procure des accidents en
couleur, les rectifie en les répétant, dans une sorte de
rayonnement dû à la réflexion des verres, ce n'est pas
de l'art. Dans les périodes tourmentées l'accident décoratif
apparaît presque toujours. Une forme était ronde on la
rend elliptique, un rinceau subissait les lois de l'enroulement, on aplatit ses enroulements, on détruit la grâce des
courbures qui étaient fortes et gracieuses pour les rem-
placer par des formes inattendues et comprimées.

L'accident est le résultat du travail des périodes aux
imaginations débordantes, c'est donc un moyen dont il faut
se garder.

L'AXE.

A toute ornementation il faut assurer l'équilibre, et
donner à chaque partie l'importance qu'elle comporte.

L'axe est précisément la ligne qui assure cet équilibre
et qui détermine la stabilité. Elle permet de donner plus
de force aux parties inférieures du dessin, plus de grâce
et plus de légèreté aux parties hautes. En architecture,
en mécanique, l'axe est pour ainsi dire indispensable.
Comment sentir le mouvement d'une machine, si l'axe
n'en indique la place et si les pièces ne se groupent autour
de lui. Une machine n'a d'équilibre que par la détermina-
tion des positions d'axes.

Qu'on bâtisse une maison, qu'on ne réserve pas à
chaque partie une symétrie axée, la stabilité manque, la
construction est sans intérêt. Qu'on exagère au contraire,

FIG. 589 et 590. — Primevère. Décoration d'une surface circulaire
à cinq divisions.

Fig. 591. — Églantine Motif ornemental rayonnant.

la régularité des éléments, elle devient ennuyeuse à force
de régularité.

Il faut un juste milieu en toute chose, dans la décoration, c'est faire preuve de goût que de savoir donner un
intérêt relatif à chaque partie du décor (fig. 589 et 590).

LA STABILITÉ.

La stabilité est indispensable au dessin. Qu'un décor
penche d'un côté, les parties ne se balancent plus, elles
tendent à revenir aux formes de la nature, et ce qu'elles
ont de mieux à faire alors, c'est de les imiter.

Dans une, composition décorative, résultat du travail
de l'esprit, traduction artistique des formes de la nature,
il faut appliquer des règles, rechercher le balancement
des formes, leur équilibre et leur harmonie ; dans la juste
disposition des motifs, il faut trouver une sorte d'aplomb
qui les pose, les met à leur place, et leur donne une raison
d'être.

Il en est de l'ornement comme des maisons aux vieux
pignons qui penchent ; ils peuvent être jolis et intéressants
à voir, mais ils inspirent toujours des craintes et ne
tiennent guère que par la cohésion des masses, sinon par
la force de l'habitude.

L'axe et l'équilibre des formes assurent donc la stabilité.
Cela ne veut pas dire qu'on soit forcément obligé d'utiliser
et de limiter à leur emploi les moyens décoratifs qu'on utilise. Le but serait peut-être étroit, il faut au contraire
étendre ses moyens d'action et s'inspirer tout particulièrement de ceux que la nature emploie.

Les feuilles, les fleurs, les fruits et les divers accessoires
de la plante, ont en général soit un axe de symétrie, soit un

mouvement indiqué par plusieurs axes qui rayonnent autour d'un point. Rarement ces axes ont de la raideur, ils suivent au contraire des ondulations souples et gracieuses, se penchent, tombent au besoin, indiquent suivant les moments, leur force ou leur abandon, passent de la faiblesse à la virilité, puis retombent à leur maturité comme pour montrer que toutes les fonctions qu'on exigeait de la plante ont été remplies et qu'elle jouit d'un repos mérité, précurseur de sa fin.

Ces mouvements de lignes sont admirables dans la nature, les appliquer à l'ornement, c'est lui donner la vie et le mouvement, c'est profiter de tous les charmes de la plante et c'est faire œuvre d'artiste.

Lorsqu'on veut ajouter à cette forme de la nature, peut-être doit-on mettre en valeur telle partie plutôt que telle autre, affirmer dans un dessin plus précis, le motif qui doit apparaître, déterminer un *caractère* dénotant une originalité de composition et d'exécution, c'est le style dont nous examinons plus loin les différentes phases et les diverses conditions.

MODES DE REPRÉSENTATION DE LA PLANTE.

Il y a trois moyens d'utiliser la plante pour l'appliquer au décor.

On peut : 1° La copier et la reproduire fidèlement sans interprétation artistique ou du moins sans arrangement décoratif, la simple copie suppose toujours de l'art : c'est la *reproduction naturelle* de la plante.

2° La transformer en un motif ornemental, lui appliquer les lois ornementales, la modifier dans un arrangement où

[Fig. 592 et 593. — Algue. Étude de détails et application décorative.

Fig. 594 et 595. — Oranger. Détails, arrangement d'un coin de bordure

les règles géométriques lui sont appliquées, c'est le *décor*.

5° Combiner ces deux moyens et donner par exemple à un motif vrai, un encadrement ornemental, puisé dans la plante, c'est une *ornementation mixte*.

LE MOTIF ISOLÉ.

Il nous reste à parler dans ce chapitre des motifs isolés qui se trouvent un peu partout, sur les menus objets, dans la décoration de la porcelaine, dans les bijoux et l'orfèvrerie. Le motif isolé, dans une porcelaine de Saxe, semble être un petit bouquet jeté au hasard, traité d'une façon particulière, mais par sa couleur et par l'assortiment de ses nuances, il fait partie d'un tout qui devient décoratif, c'est un moyen accidentel, dû au hasard, que l'habitude fait accepter, et qui peut devenir de l'art si on ne répand pas avec profusion les mêmes motifs.

Le motif isolé, c'est plutôt l'emploi sur une grande surface d'un décor qui concentre en lui-même tout l'intérêt et tout le charme de la composition. C'est la peinture d'un vase contenant des fleurs, c'est un groupement d'objets allégoriques. Ce moyen exige des aptitudes réelles d'artiste. Composer un motif isolé sur lequel se portera toute l'attention, c'est presque faire un tableau, peut-être plus, puisque le tableau avec son cadre ne prend qu'une petite place, quelquefois modeste, dans un intérieur, tandis qu'au contraire, le motif isolé reste seul exposé aux critiques.

Cela devient de la grande peinture, lorsqu'il s'agit de décorer une grande surface murale.

On peut appliquer quelquefois aussi le motif isolé à des petites décorations telles que des cadres, à des ornements typographiques, à la décoration de menus objets, bagues, épingles, broches. Les figures 592 et 593 représentent un détail d'algue marine transformé par sa coloration noire en un ornement de cette nature.

Le motif de la feuille et du fruit de l'oranger (fig. 594 et 595) est aussi un motif isolé, il prend sa place dans l'angle d'un cadre. Ce motif peut servir de point de départ à une ornementation qui diminuera d'importance en haut et en bas ou qui s'isolera dans le coin du cadre, ou bien qui prendra telle disposition ne faisant pas moins un motif isolé.

L'arrangement du muguet et d'une série de feuilles du rosier est aussi un motif isolé; la disposition des fleurs du muguet, qui sont représentées dans leur disposition naturelle, et leur union avec la couronne de feuilles, en fait un tout ornemental qui oppose des formes un peu fortes à d'autres formes plus légères (fig. 596 à 598).

LA COLORATION.

La coloration, en matière d'ornementation mérite aussi qu'on s'en occupe, elle transforme comme on a pu le voir à différentes reprises dans le cours de cet ouvrage, l'aspect de formes décoratives. Les nuances nombreuses et les modifications si diverses qu'on peut faire des colorations de la nature, lui donnent une importance de premier ordre.

Qu'on essaie de reproduire les tonalités de la nature, qu'on les atténue, ou qu'on les exalte, qu'on leur donne les nuances uniformes du camaïeu, on a dans la couleur un auxiliaire utile et précieux.

La décoration doit être appropriée au milieu auquel elle est destinée. Il en est de même de la coloration. Une

Fig. 596 à 598. — Muguet et rosier. Étude des détails.

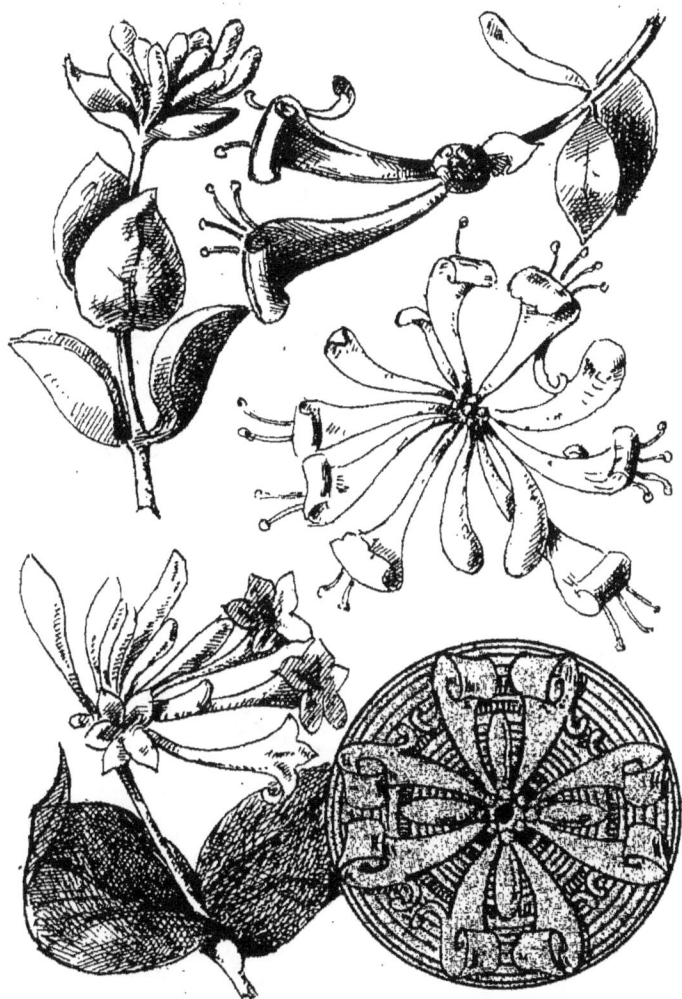

FIG. 599 à 602. — Chèvrefeuille. Détails d'après la plante et application
décorative à l'exécution d'une broche.

couleur vive ne peut aller dans un milieu sobre et discret.
Une couleur pâle plaît dans un milieu agréable, dans une
salle de fête ou dans un théâtre. Les couleurs sombres
sont réservées à la décoration sévère du cabinet de travail.

Presque toujours la couleur décorative est au-dessous
de la tonalité vraie. Elle n'a qu'une valeur relative dans
un milieu où tout semble devoir être atténué, il est bon
de remarquer que le peintre décorateur ne se sert en
général que d'une coloration peu intense, grise souvent,
dans les valeurs claires comme dans les valeurs sombres.

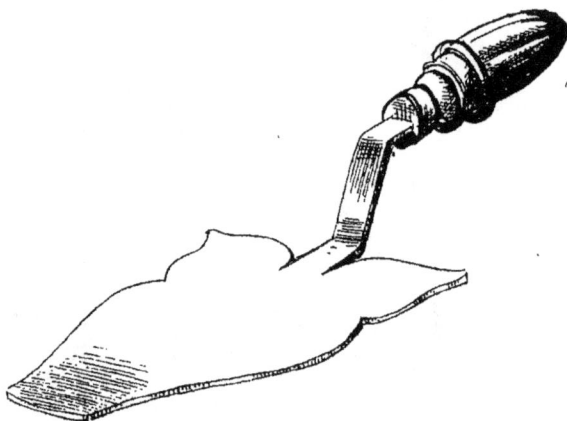

Fig. 605. — Truelle de maçon.
(Art lyonnais, xviiie siècle.)

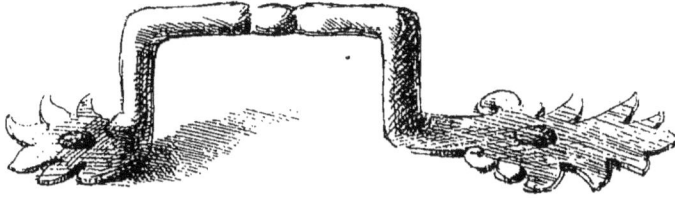

FIG. 604. — Poignée en fer forgé. — Forme végétale découpée.

CHAPITRE XXII

LA MATIÈRE EMPLOYÉE

La saillie. — Matériaux divers.
Le dessin doit répondre à sa destination.
Différentes applications techniques.
Papiers, tissus, bois, pierre, verrerie, métaux.

LA SAILLIE.

L'ornementation répond aux conditions suivantes, elle est plate ou en relief, peinte ou sculptée.

Ornementation plate et peinte, elle peut décorer une forme en relief. Ornementation en relief et modelée, elle peut décorer une surface plane. En général, le procédé décoratif plat ou en relief s'applique à des formes correspondantes, plates ou relevées.

La matière employée présente d'autres difficultés et impose d'autres conditions dont la composition doit tenir compte.

Le dessin d'une étoffe ne correspond pas à la sculpture plate ou en relief d'un morceau de bois ou d'ivoire et cependant le même motif peut être utilisé dans les deux cas.

Il n'en n'est pas toujours ainsi, chaque métier nécessitant une technique différente. L'étude d'un dessin ou d'une maquette sera plus ou moins poussée suivant la matière qui sera employée, suivant la technique de cette matière et l'échelle qu'on lui applique.

La maquette d'un objet destiné à être reproduit en bronze sera plus ciselée, gravée et façonnée que celle qui reproduirait le même objet en pierre ou en marbre.

LES PROPORTIONS.

L'échelle de la décoration sur pierre sera plus grande que celle de petits objets de bijouterie ou d'orfèvrerie. Dans un cas le travail préparatoire de la composition utilisera la terre glaise, dans l'autre la cire.

La composition du décor d'une surface plane peinte sera plus poussée dans le détail qu'une composition sculptée. Le procédé du papier peint permettra la reproduction des plus minutieux détails, de la teinte la plus délicate ; un vitrail, au contraire, imposera des conditions différentes, d'où le détail sera exclu pour ne conserver que les grandes lignes et les oppositions colorées.

MATÉRIAUX DIVERS.

Il est difficile de classer par nature, tous les matériaux qui reçoivent une décoration. Bien différentes sont les conditions imposées par chacun d'eux : le bois, la pierre, les métaux, les tissus se travaillent différemment, l'ivoire

FIG. 605 à 608. — Encadrement d'une page de Manuscrit.
Feuille de marguerite.

est plus poussé que le bois, le bronze ne se fond pas comme
l'argent ou comme l'étain. Chaque matière exige des outils
spéciaux, des tours de main, des procédés particuliers.

LE DESSIN DOIT RÉPONDRE A SA DESTINATION.

Le dessinateur qui ne recherche que l'idée, ne donne
pas toujours à la matière sa forme définitive. S'il n'a pas
le soin de prévoir les difficultés de la technique son
travail sera à refaire.

LES ÉTOFFES.

Un imprimeur d'étoffes n'achète, chez un dessinateur
industriel, un motif d'impression, que s'il y retrouve le
repérage. Ce sont des exigences très légitimes, dont nous
allons examiner les principales, en cherchant pour chaque
matière, à les mettre en évidence.

LE PAPIER.

Les formes du dessin pour le papier peint sont variables ;
toutes les lois ornementales sont applicables ; le dessin
doit conserver néanmoins son aspect plat et ne doit pas
chercher dans un trompe-l'œil, à réaliser un relief ni à
donner une saillie excessive. Les tonalités discrètes valent
mieux que les dessins à effets, le papier peint représente
une peinture simulée ou une étoffe d'ameublement dont
elle tient lieu et avec laquelle elle va de pair ; elle n'a qu'à
imiter l'aspect des choses qu'elle représente.

Pour l'imprimerie, les motifs ornementaux appliqués à
la décoration du texte, varient suivant les styles et les
époques ; ce sont des encadrements, des vignettes et des
culs-de-lampe très divers qui exigent une composition dé-
taillée et un dessin minutieux.

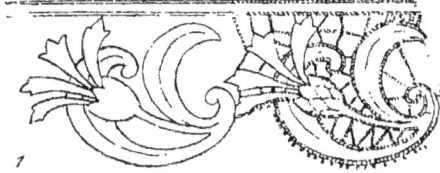

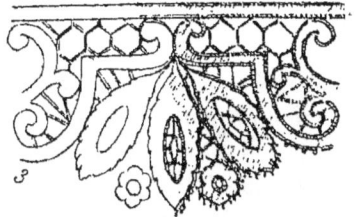

Fig. 609 à 615. — Dentelle. — Broderies diverses utilisant le bleuet, la pomme de terre, le fraisier et l'ancolie.

On peut placer dans cette catégorie les manuscrits si à
la mode depuis quelques années et qui reproduisant les
dessins du moyen âge ou cherchant des formes nouvelles
s'inspirent toujours de la plante (fig. 605 à 608).

LES ÉTOFFES D'AMEUBLEMENT.

Le dessin correspond beaucoup à celui du papier peint
qui ne fait du reste qu'imiter l'étoffe. Le dessin est large
et à grands ramages, les colorations ont toutes les inten-
sités depuis l'imitation discrète des tapisseries anciennes
jusqu'à la coloration accusée et outrée des étoffes modernes. Elles sont faites pour être vues de loin et non
pour être examinées dans le menu détail, le dessin en
est large et affirmé.

LA TAPISSERIE.

La tapisserie a une grande analogie avec les étoffes
d'ameublement. Les plus belles tapisseries, celles des Go-
belins, de Beauvais et d'Aubusson en particulier, reproduisent des tableaux ; mais les plus appropriées à leur destination sont encore celles qui remplacent ou représentent
les peintures ayant un caractère décoratif. Les tapisseries
des Flandres en sont un excellent exemple.

LES CUIRS.

Les cuirs repoussés se présentent à peu près dans les
mêmes conditions. Destinés à décorer en général des surfaces *planes*, leur tonalité n'est mise en valeur que par un
relief peu marqué. Selon la surface à décorer, le motif est
plus ou moins grand, une surface murale comporte un
grand motif, le décor d'un dossier de fauteuil nécessite

Fig. 616. — Motif de dentelle noire, point de Bruxelles.

plus de soin et de délicatesse ; c'est ce qui a été admirablement observé dans la décoration des cuirs de Cordoue.

Depuis quelques années la décoration du cuir est à la
mode. C'est un travail délicat qu'une main féminine peut
exécuter avec avantage et auquel on a donné les applications les plus diverses*.

LES DENTELLES ET LES BRODERIES.

Les dentelles et les broderies méritent qu'on s'y
arrête longuement. Rien n'est plus gracieux que la composition d'un motif en broderie. La légèreté, la transparence, la grâce, la souplesse des lignes, se trouvent fréquemment réunies dans un motif de dentelle. Les procédés
des différents points de dentelle, points d'Angleterre,
d'Alençon, de Venise, broderie Richelieu, Colbert, etc.,
exigent des moyens d'exécution forts différents les uns des
autres (fig. 609 à 616). Il est à remarquer que les motifs
au point de vue de la composition décorative se relient
entre eux. L'habileté de la dentellière est de rapprocher
les formes et de réduire les vides. Le dessin de la dentelle
est un dessin tout spécial dont la légèreté doit s'associer
aux formes gracieuses des végétaux.

LES BRODERIES.

Les broderies, les dentelles au crochet, le tricot et tous
les travaux féminins recourent fréquemment à la plante
ce sont des travaux ayant une grande analogie avec la
dentelle.

La dentelle fait partie de l'habillement, elle participe à

---

* On peut consulter le volume sur la *Décoration du cuir*, publié
par G. de Récy dans la *Bibliothèque des Arts appliqués aux métiers*.

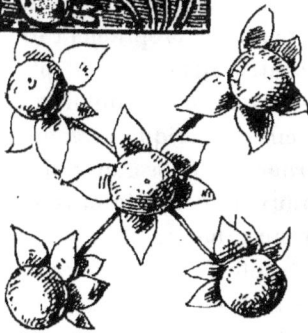

FIG. 617 à 619. — La Belladone. Tige et fruits. Fleur. — Application à la décoration d'une bordure verticale pouvant être utilisée dans un vitrail.

l'ornement du vêtement. Les dentelles de la cour de Louis **XIV** sont restées célèbres, c'est grâce à une large participation de la nature qu'elles étaient exécutées.

LES ÉTOFFES.

Les étoffes d'habillement, les soieries, les velours, les indiennes, les cotonnades ne peuvent et ne doivent se confondre avec les étoffes d'ameublement. Les dessins sont plus petits, à petits ramages ou composés de petits motifs isolés, nous avons déjà dit que l'étoffe ne doit avoir qu'un but : mettre en valeur la carnation de la personne qu'elle habille. Elle répond donc plus, pour atteindre ce but, à une perfection de coloration qu'à une perfection de dessin.

LE VITRAIL.

Les premiers vitraux ont été considérés à l'époque romane comme devant être de vraies peintures. La simplicité de la technique et la naïveté des premiers peintres verriers les rendirent très vifs dans leur coloration et d'un dessin peu habile. Il en est résulté que le vitrail, n'étant plus considéré comme une peinture proprement dite, ne pouvait plus être que décoratif. Il ne remplit plus aujourd'hui d'autre rôle, il est exagéré de vouloir y représenter un portrait ou une scène historique, à moins que ce vitrail, ne soit destiné à orner une église, un monument où il remplace d'autres vitraux qu'il répète et reproduit.

Le vitrail moderne est devenu ornemental, il doit rester ornemental. Il ne peut représenter la nature vraie, fine, légère et gracieuse avec une mise en plomb qui alourdit les formes. Pour être parfait le vitrail doit affirmer nettement le caractère décoratif et ne pas chercher à affirmer

FIG. 620. — Détail d'un coffret en bois creusé plan sur plan.

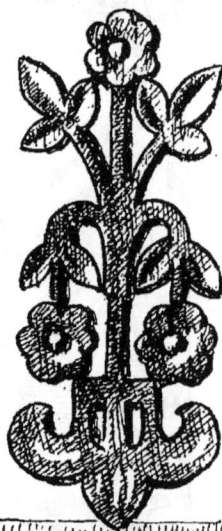

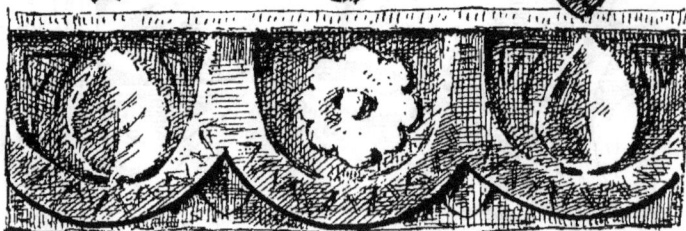

Fig. 621 à 625. — Applications. — Travail du bois. — Sculptures sur bois : 1. Frise renaissance. — 2, 3, 4. Manches de cuillers bretonnes. — 5. Ornement auvergnat.

trop les aspects élégants de la plante. Dans la recherche
d'un ornement il faut donc tenir compte de la difficulté
de la mise en plomb et d'une technique spéciale.

LA VERRERIE.

Le verre, en outre de son application au vitrail, trouve
encore son emploi dans la fabrication des objets de verrerie proprement dite. Les formes sont bien spéciales et
ne se retranchent que de très loin derrière les formes de la
plante. Les verres de Murano dans leur légèreté utilisent
quelquefois une fleur ou une feuille dont le caractère et
l'origine ne peuvent se définir, la richesse de la gravure
des verres de Gallé ou de Reyen perfectionnent ce résultat
et permettent au graveur de prendre, s'il le désire, ses
modèles dans la nature.

En verrerie, les formes doivent être fines et délicates,
cependant les verreries de Bohême qui ne recherchent pas
cet idéal, ont des qualités si différentes que cette règle ne
peut rien avoir d'absolu.

Le verre moulé ou soufflé, blanc, ou en couleur, fin ou
épais, gravé ou taillé, permet de réaliser les plus riches et
les plus jolis travaux.

LA PORCELAINE.

Comme le verre et mieux que lui, la porcelaine supporte
la décoration peinte qu'elle fait mieux valoir, mais sa matière ne se travaille plus de la même façon. Il en résulte
des formes déjà un peu plus fortes et plus grandes qui
n'en restent pas moins délicates.

La porcelaine habilement travaillée comme elle l'est par
les Chinois, qui en réduisent la dimension à l'épaisseur

FIG. 626 et 627. — Dossier de chaise Renaissance en bois sculpté,
éléments floraux utilisés, le pyrètre ou le pissenlit.

Fig. 628 à 633. — Composition d'une grille en fer forgé. Motifs divers pouvant être employés à la décoration du panneau.

d'une coquille d'œuf, peut se travailler au tour ou se mouler ; les figurines, les statuettes ou les petits objets de Sèvres sont admirables par leur gracieuseté et leur élégance.

LA FAÏENCE.

La faïence se décore admirablement, les formes sont plus grasses et plus fortes que la porcelaine, la terre employée à sa confection est plus grossière, les formes sont plus empâtées, mais de toutes ces difficultés naissent des moyens qui deviennent les qualités de la faïence et qui donnent plus de force à la matière et aux travaux qui résultent de son emploi.

LES GRÈS.

Ce qui est dit de la faïence s'applique admirablement aux formes du grès qui s'exagèrent encore plus. La lourdeur et la force s'accusent davantage, elles deviennent la caractéristique d'un travail bien exécuté, qui doit être capable de résister à la haute température de sa cuisson.

LE BOIS.

Le travail du bois s'est prêté aux plus admirables résultats. Des chefs-d'œuvre ont été enfantés par les artistes qui l'ont travaillé. Le bois se prête à toutes les combinaisons depuis le travail le plus simple, jusqu'à l'œuvre la plus finie et la plus poussée. On peut le découper, le sculpter, le graver, le brûler, on peut lui donner tous les reliefs et toutes les tonalités, on peut arriver de la forme la plus grossière au travail le plus fin et le plus délicat.

Il est durable, durcit avec le temps, se polit, prend les teintes les plus jolies, est en somme l'une des matières les plus intéressantes pour l'artiste. Le travail de sa matière

FIG. 634 à 639. — Serrurerie. — Fourchettes à jambon, en fer forgé.
— Entrée de serrure en fer découpé. — Deux anneaux de clés en fer
limé et ciselé.

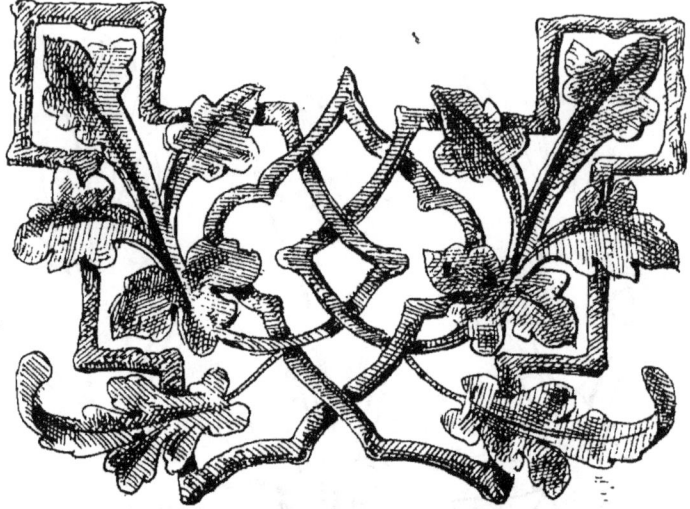

Fig. 640 et 641. — 1. Arrangement d'un motif symétrique dans un cadre formé de tiges enlacées. Travail en tôle et fer. — 2. Détail d'une pièce de ferronnerie.

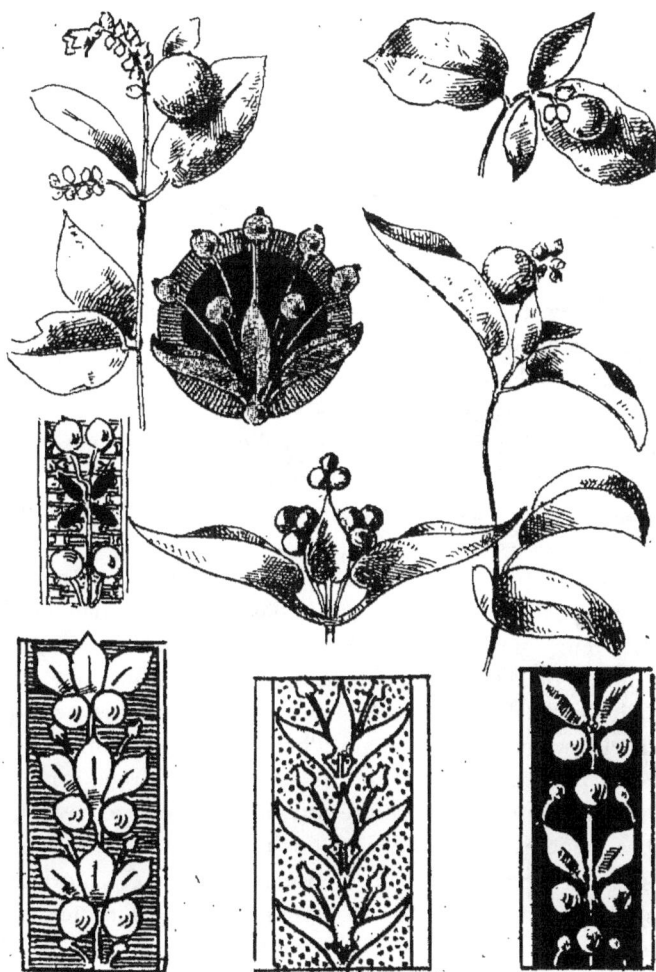

FIG. 642 à 650. — La Symphorine. — Applications diverses à des bijoux
et à des bordures.

ligneuse est difficile, elle exige une longue pratique et
une habile technique. Dans le mobilier, la décoration intérieure, la sculpture proprement dite, les travaux d'art
industriel, dans la construction même, le bois est une
matière que nulle autre ne remplace.

Les figures 621 à 627 de cet ouvrage reproduisent des
travaux en bois.

La figure 620 reproduit un fragment de coffret renaissance en bois incisé et creusé, c'est un travail long et
délicat.

Les figures 621 à 625 reproduisent une série de petits
travaux en bois, qui, quoique d'origines diverses ont une
grande analogie de décor. Les trois manches de cuillers
en bois, d'origine bretonne, ont une ornementation de
fleurs rondes, identiques avec celles des deux bas-reliefs
en bois sculptés, qui sont d'origine auvergnate. Ces ana-
logies de formes décoratives se retrouvent fréquemment
chez les artistes primitifs.

C'est surtout dans l'exécution des meubles, des boiseries
monumentales telles que celles des stalles d'église ou des
intérieurs des palais de Versailles, de Trianon, de Ram-
bouillet ou de Fontainebleau que l'art de la sculpture sur
bois fleurit dans tout son éclat. Ce sont de belles périodes
d'art, que celles ou la main-d'œuvre est aussi habile.

Le petit meuble, celui qui se déplace, a reçu lui aussi
bien souvent une empreinte qui en faisait une œuvre d'art.
Les meubles que conservent nos musées nationaux, qu'ils
soient du xv° siècle, de la Renaissance, ou postérieurs,
sont des œuvres où se ressent constamment l'influence de
la nature végétale. Les rosaces recherchent leur variété
dans la nature, les découpures ont des formes analogues
à celles du feuillage.

FIG. 651 à 653. — Œillet.
Application à la décoration d'une broche.

Le dessin et le modelé sont parfois plus poussés encore, les panneaux de certains meubles sont la représentation fidèle de la plante, tel dossier de chaise (fig. 626) recherche dans l'enroulement de ses éléments floraux une disposition imitée de la nature.

LA PIERRE.

La pierre, comme le bois, est une matière précieuse pour l'artiste; à combien de belles choses dans la statuaire et dans l'art architectural, n'a-t-elle pas donné naissance. Elle permet tous les travaux, trouve plus facilement sa place au dehors des édifices, il est vrai, est partout utilisable. La qualité de sa matière ne permet pas de finesses excessives, mais il est possible avec elle d'obtenir, surtout dans la décoration monumentale, des résultats superbes. C'est une matière qui cède sous la main de l'artiste, qui, en lui donnant la liberté d'agir, le laisse maître de son art et de sa pensée.

Les différentes natures de la pierre dure ou tendre d'un grain serré ou friable, obligent l'artiste à la travailler différemment; les marbres de Paros ne ressemblent pas aux pierres tendres qui, en Champagne, ont servi à édifier la cathédrale de Reims. Il doit en résulter non seulement une pratique particulière à chacune de ces matières, mais la proportion de leurs mesures et la finesse du modelé doit nécessairement varier avec elles.

Il est inutile de donner ici des exemples de son emploi, les modèles étant répandus partout avec une grande profusion.

LES MÉTAUX.

L'étude des nombreux emplois qu'on peut faire des différents métaux nécessiterait non seulement une longue

FIG. 654 à 657. — Cerisier en fleur. — Composition d'une boucle
de ceinture.

recherche, mais encore une longue énumération si l'on
se tenait à une simple nomenclature des travaux auxquels
le métal prête son appui.

Ils ont des qualités d'état si diverses que les uns se
forgent, les autres se soudent, et d'autres se fondent
A chaque métal, correspond sa densité, son degré de
liquéfaction. Chacune de ces matières a un prix particulier suivant sa rareté ou sa grande profusion. Elles trouvent aussi les applications les plus diverses à la main-
d'œuvre, l'or est réservé à la petite bijouterie, l'argent à
l'orfèvrerie, le cuivre et le bronze s'emploient en général
à des travaux d'ameublement, l'étain sert beaucoup à la
confection de petits objets de luxe, le fer, enfin, décoré
par une main-d'œuvre habile, peut atteindre le prix des
métaux précieux.

LE FER.

On ne peut exiger d'un métal que les qualités qu'il possède. Le fer se travaille largement, les travaux auxquels il
donne lieu en ferronnerie d'art sont plutôt grands dans
leurs résultats. Ce sont ou des travaux de forge que la
construction utilise, balcons (fig. 628 à 655), rampes d'es-
caliers, grilles, etc., ou des travaux dits de petite serrurerie qui donnent naissance à des objets plus petits, tels
que des serrures, des clés, des loquets, entrées de serrures où le génie de l'ouvrier peut se manifester.

Certains ouvriers forgerons du nord de la France sont
extrêmement habiles dans l'exécution d'objets usuels en
fer, une pelle à feu, une crémaillère, une fourchette à
jambon (fig. 634 à 639), leur permettent de mettre en évidence cette habileté, qu'ils doivent à une sorte de tradi-
dition locale.

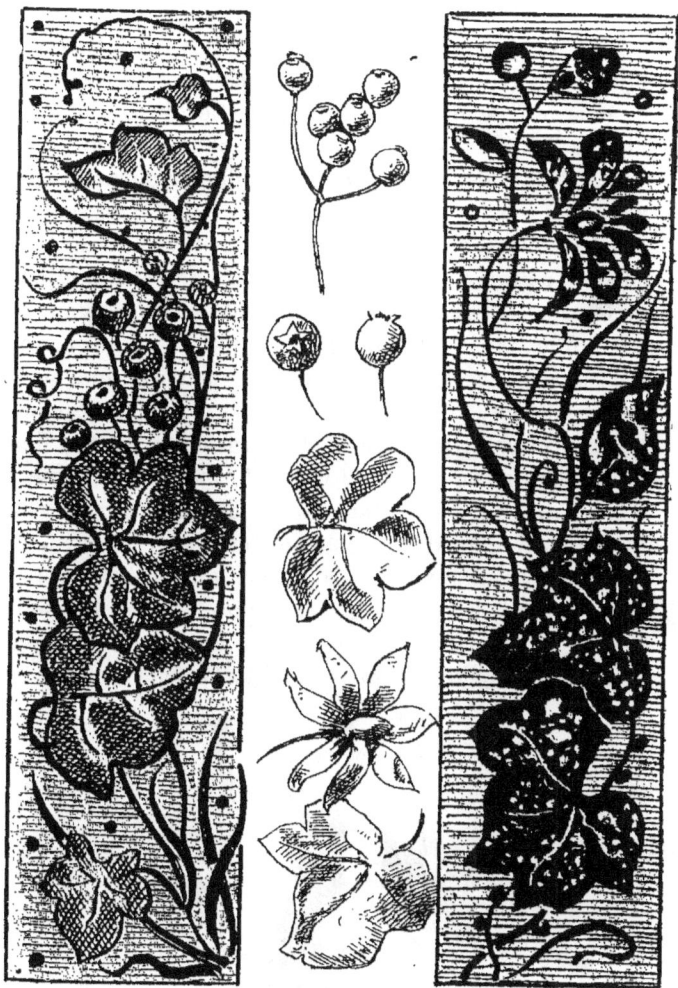

Fig. 658 à 660. — Morelle. Étude de détails et applications décoratives japonaises. — Gravure à l'eau-forte.

LES MÉTAUX PRÉCIEUX. — LA GRAVURE.

L'or ne peut être appliqué qu'à des petits travaux de
bijouterie. La minutie du travail, la recherche du détail,
la mise en valeur de certaines parties du bijou tels les
pierres, les émaux, les camées ou les perles fines, néces-
sitent de la part du dessinateur-joaillier, une grande connaissance de la matière, un goût exquis et un sentiment
artistique très développé. C'est un métier difficile à faire,
surtout à une époque qui, comme la nôtre, a bouleversé
de fond en comble les vieilles traditions professionnelles.
L'art nouveau s'est emparé du bijou et y fait merveille.
Les divers dessins qui précèdent peuvent fournir des
motifs variés, d'une transformation possible dans la
matière ouvrée. Les fleurs du cerisier en particulier se
prêteraient aisément à cette transformation artistique.

La gravure des métaux soit par l'acide, soit par le
burin, a été considérée souvent comme un travail fort artistique, les niellures de la Renaissance, placées sur les
bijoux ou sur les armures en témoignent. Les Japonais se
servent couramment de ce procédé pour la décoration du
métal qu'ils émaillent aussi parfois (fig. 658 à 660).

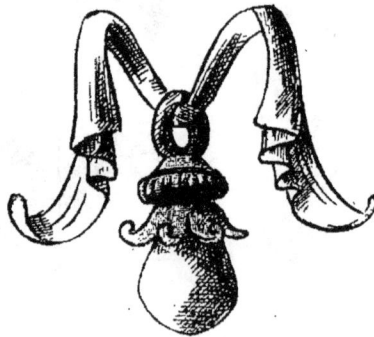

FIG. 661. — Bijou.

Fig. 662. — Bourgeon de l'érable.

CHAPITRE XXIII

LA PLANTE EMBLÉMATIQUE

Traditions antiques et modernes.
Le chêne, le laurier, le blé, la vigne, les fruits.
Symbole. — Noms de plantes. — Noms de jeunes filles.
Significations historiques, symboliques et religieuses.

LA TRADITION.

Un travail sur la plante ornementale serait incomplet, s'il devait négliger l'étude du caractère emblématique qui y est attaché. Pour certaines plantes ce caractère qu'une longue tradition a établi a une signification d'une si grande importance qu'un artiste ne saurait réagir contre elle. Ce serait commettre même une grosse faute, que de ne pas en tenir compte.

Il ne s'agit pas du langage des fleurs dont le caractère un peu spécieux a perdu beaucoup de son importance, mais de l'idée emblématique qu'il faut attacher à la plante qu'on veut introduire dans un décor approprié.

Il serait puéril de dire qu'un artiste ne saurait donner l'idée de la gaîté en introduisant des pavots, emblème du sommeil, ou une immortelle, emblème de l'immortalité, dans une de ses compositions. Les roses, au contraire, ne vont pas avec la mort et le lis ne peut impliquer qu'une idée de simplicité, de candeur, de pureté et de foi.

LA FLEUR EMBLÉMATIQUE.

La fleur emblématique remonte à la plus haute antiquité. Le guerrier, le lutteur, pour leur force et leur courage, étaient couronnés de chêne et de laurier. La fleur de lotus d'un usage fréquent dans la décoration égyptienne, était l'emblème du renouvellement de la nature et de la vie.

LA VIGNE.

La vigne avec son fruit reste l'emblème du vigneron, il couvrait de ses feuilles et de ses pampres dorés le front des jeunes Grecs. Il définit encore aujourd'hui l'idée d'une richesse féconde.

LE BLÉ.

Cérès tenait dans sa main des épis de blé et Flore, la gracieuse déesse du printemps et des fleurs, était couverte de fleurs et entourée de corbeilles qui en étaient remplies. Les fêtes de la déesse ou jeux floraux, permettaient aux femmes qui les célébraient en courant et en dansant, de remporter les prix consistant en couronnes de fleurs.

LA ROSE.

La rose qui faisait les délices des anciens, ornait les statues de Vénus, elle était et elle est restée l'emblème de la mollesse et de la volupté. Elle est aussi celle de la grâce, si sa couleur est pâle et douce. L'Aurore est la déesse qui écarte le matin ses doigts de rose :

> Et rose elle a vécu ce que vivent les roses,
>   L'espace d'un matin,

a dit le poète.

LE LIS.

La fleur du lis qui était représentée, dit-on, sur le sceptre de Salomon a été l'emblème de toutes les dynasties royales.

Au moyen âge, certaines plantes personnifiaient la vertu et le vice, chaque vertu avait sa plante, chaque vice un fruit qui définissait, de loin peut-être, le sens emblématique qui pouvait lui être attribué.

Le fantastique dans les végétaux * mérite d'arrêter les érudits et doit intéresser les artistes.

LA PLANTE SYMBOLIQUE.

Chez certains peuples on attache à la plante une signification, les Japonais ont choisi la fleur du cerisier comme un emblème du bonheur. Chez nous, le bonheur doit être plus rare car il faut trouver le trèfle à quatre feuilles pour le posséder. Les Chinois ont le rameau de bienvenue, où les épines représentent le travail, l'étude et les difficultés de la vie, les fleurs, la science et le talent, les boutons, les promesses de l'avenir (Reiber).

Le chrysanthème est, en Chine et au Japon, l'emblème national et impérial, la fleur d'or est nommée kikou, elle est moins à la mode en Occident, ce n'est pas peu dire.

* Voir une étude de M. de Villenoisy sur le *Fantastique végétal*.

LES NOMS DE FLEURS.

Les Japonais donnent le nom de leurs fleurs aux jeunes
filles, nous connaissons Rose et Marguerite, eux connais-
sent Hana la fleur, Sumiré la violette, Rurisô le myosotis.
La souplesse et la grâce de la jeune fille sont représentées
par le bambou qui se nomme Také. Le cerisier, toujours
en fleur où le fruit n'aboutit pas et qui blanchit les hori-
zons japonais, ce Sakoma No Ki est encore un emblème
de bonheur, les soldats le portent sur leur vêtement et à la
selle de leur cheval, c'est un emblème populaire.

Il est d'usage aujourd'hui d'attacher des branches de
gui au-dessus d'une porte pour assurer aux jeunes filles
qui veulent se marier, la réalisation de cet heureux idéal
qu'est le mariage !

Dans les campagnes, la petite branche de buis a con-
servé toute sa religieuse tradition.

LES BLASONS.

Les blasons de beaucoup de villes ont dans leurs armes
des plantes aux diverses significations, la Lorraine y place
le chardon : qui s'y frotte s'y pique.

Le schamrock, espèce de trèfle, est l'emblème de
l'Irlande, il figure avec la rose et le chardon dans le
blason de l'Angleterre.

La grenade est avec l'orange le fruit national espagnol,
la fleur des Alpes est aussi un emblème pour les Suisses.

Tous ces exemples prouvent que le dessinateur ne doit
commettre aucun non-sens dans l'emploi des plantes nécessaires à son décor. Il doit penser qu'elles peuvent avoir
une signification et les faire pour ainsi dire parler.

Le blé restera longtemps l'emblème de l'agriculteur. Qu'on y joigne, pour représenter un emblème ornemental, la marguerite, le coquelicot et le bleuet, on peut obtenir un motif bien près de caractériser la richesse de notre sol français.

LA VIGNE ET LE POMMIER.

La vigne appartient au vigneron. Le raisin, les feuilles et les vrilles sont de superbes éléments décoratifs qui peuvent aussi briller en l'honneur de nos riches vignobles. Le pommier, ses feuilles, ses fleurs et ses fruits illustrent le cidre et la Normandie.

LE HOUBLON.

Le brasseur a pour emblème le houblon, à quels admirables motifs de décoration cette plante, comme la vigne, n'a-t-elle pas donné lieu : c'est un thème fort connu des artistes allemands qui aiment aussi, comme les jeunes allemandes, les pâles couleurs du petit myosotis, la petite fleur du souvenir.

La superbe pivoine prend l'allure orgueilleuse dont elle a le sens, elle fait contraste avec la marguerite, que toujours on effeuillera, ou avec la modeste violette qui, cachée, ne se révèle que par son parfum agréable, manifestation de ses mérites discrets.

La scabieuse vient parer le veuvage et atténuer les tristesses des séparations causées par la mort, dont le pavot, aux tiges coupées et aux fleurs renversées, donne la signification imagée.

Nous ne parlons que pour mémoire et sans chercher à faire des rapprochements ayant une signification quel-

conque, de la pensée, de la fleur d'oranger, du narcisse du
poète ou de cette fleur, désespoir bien involontaire du
peintre, trop souvent incapable de reproduire ce qu'il voit.

LE LIERRE.

Le lierre grimpe aux murs des vieux castels, il adhère
aux vieilles murailles comme le cœur de l'homme aux souvenirs qui y sont attachés, quel admirable emblème de la
fidélité durable et de la persévérance dans les vieux souvenirs.

Dans beaucoup de décorations de la Renaissance et du
style Louis XIV on trouve non seulement des guirlandes
de fleurs et de fruits, mais souvent encore, des cornes
remplies de fruits, signes de la richesse et de l'abon-
dance.

SIGNIFICATION SYMBOLIQUE.

Dans la plupart des styles la plante a généralement une
signification. Elle n'est que passagère quelquefois lorsqu'elle sert d'emblème politique ou de signe de rallie-
ment. Sa vogue est quelquefois plus durable quand elle
s'empare de l'histoire, la guerre des deux roses, la rouge
et la blanche, est restée célèbre.

En ce qui concerne les arts et les monuments la plante
a souvent expliqué et exprimé la grandeur du symbolisme
qui s'y attachait, les monuments funéraires en ont souvent
reçu la vive empreinte.

A Ravenne, le monument de Gaston de Foix a comme
motifs décoratifs des pavots coupés, emblème de la vie
prématurément interrompue. La cathédrale de Rodez

Fig. 663 et 664. — Stalles de la cathédrale d'Amiens, sculptures sur bois de Jean Turpin (xvᵉ siècle). Emploi du *passiflora cœruba*, ou passiflore bleu.

possède une clôture de chapelle en pierre qui est ornée des mêmes éléments sculptés ayant certainement la même expression mortuaire.

Mais où le symbolisme de la plante est le plus habilement mis en évidence, c'est dans l'œuvre admirable de Jean Turpin, dans les stalles du chœur de la cathédrale d'Amiens. L'idée de la Passion domine dans la majorité des motifs ornés, fidèle interprétation du passiflore qui exprime dans un superbe symbolisme, la grandeur de l'idée.

FIG. 665. — Dessin japonais.

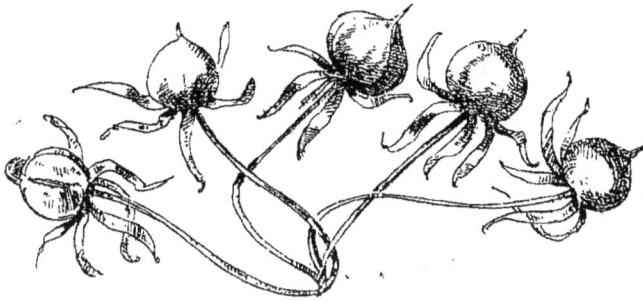

FIG. 666. — Graines du volubilis.

CHAPITRE XXIV

LE STYLE

La nature. — Le génie de l'artiste. — L'invention.
Les usages. — La tradition.
Les matériaux. — Le dessin fixe l'idée.
Sa facture, la mode, l'échelle, la couleur, le relief, la destination.

En se promenant à la campagne, sur la lisière des forêts, un fouillis inextricable de plantes diverses vous arrête au passage. Ce n'est pas le moment d'admirer la plante. Piqué ou égratigné, on ne songe qu'à se dégager sans dommage. C'est là où se trouve la vraie nature. Cueillons l'une de ces plantes. Dans son ensemble, nous constaterons une complication dont nous serons quelquefois gênés. Cherchons à en étudier certaines parties, nous y trouverons déjà une sorte d'agrément. Étudions la fleur pour sa corolle, pour ses étamines et son pistil et le charme s'étendra. Reproduisons tous ces détails avec l'ensemble, la plante sera notre amie.

C'est de ce fouillis, qui est cependant un ordre admirable dans la nature, que sont nés tous les ornements, tous les styles. Des artistes passionnés de la plante ont agrandi leur sujet, lui ont donné une vie nouvelle, celle de leur génie et c'est à cette passion que nous sommes redevables de la beauté des édifices, de leur richesse, de leur grandeur même.

LE GÉNIE DE L'ARTISTE.

N'est-il pas exagéré de se servir du mot génie pour parler de la simple ornementation florale, ne s'est-elle pas quelquefois réalisée seule, par l'unique reproduction de ses formes? Doit-on trouver dans un motif ornemental la part de génie qui revient à l'humanité? Il n'y a rien d'exagéré! Les artistes ornemanistes, tout en limitant leur champ d'action à la plante, ont fait comme les grands artistes qui reproduisaient la forme humaine, ils se sont adressés à la nature. Qu'ont-ils fait de plus ou de moins, sinon de la traduire et de la transcrire, sinon de s'en inspirer et de la comprendre.

Pourquoi la plante, dont la vue calme et repose, qui est si belle dans toute ses formes et dans tous ses moments, ne mériterait-elle pas cette admiration, cette exaltation vers l'art? Les premiers hommes n'ont pas tant raisonné; d'instinct, comme le jeune enfant, ils se sont précipités vers elle, l'ont connue et l'ont traduite.

LES STYLES.

C'est de cette traduction que sont nés les styles. Les idées particulières à chaque temps et à chaque peuple ont

passé à travers. les reproductions de la plante. Successivement les motifs se sont alignés, les formes sont nées, les
objets ont pris des contours nouveaux, les règles se sont
établies, les styles se sont créés, chacun avec sa manière
d'être, avec sa couleur et son dessin, son immobilité, ou
son mouvement, son caractère morne ou gracieux, aimable
ou sévère.

Il a fallu chaque fois, ce qui règle d'ailleurs toutes les
conditions d'une œuvre d'art, une grande finesse d'esprit
pour connaître à fond la nature et une grande pénétration
du temps et du lieu, pour donner à la plante une interprétation digne d'être comprise et appréciée.

Un homme à lui seul ne crée pas un style; il peut
imprimer à une cohorte d'artistes une direction vers un
but déterminé, il peut l'inspirer, faire naître autour de
lui des vocations, faire des élèves, ce qui est bien l'idéal
dans l'art, mais c'est à ce groupement d'artistes seulement,
qu'on peut attribuer le mérite de l'œuvre, et encore n'est-
ce que très longtemps après quand tous les intérêts indi-
viduels avec les noms des artistes ont disparu, que le style
est définitivement établi pour les générations futures.

CONDITIONS D'INVENTION D'UN DESSIN.

Pour répondre à toutes les conditions, d'invention,
d'unité, de pondération, de pureté dans la forme, de fidélité dans la représentation des choses naturelles, une œuvre
d'art ne devient une œuvre de style, que si elle y répond
en tous points.

Toute œuvre d'art répond à trois conditions principales :
1° la *composition*; 2° le *dessin*; 3° la *valeur colorée* soit par
les teintes, soit par les ombres.

La composition est la plus importante, elle nécessite non seulement l'idée d'une recherche des formes qui est l'*invention*, mais elle doit encore chercher à bien mettre en place tous les éléments utilisés ce qui est la *disposition*.

Dans l'invention, le choix des éléments floraux doit compter pour beaucoup, c'est là où l'artiste marque le mieux son empreinte, le motif doit-il être gracieux, fin, élégant, doit-il pénétrer partout, remplir légèrement la surface, une plante légère comme le volubilis, la clématite, la bryone, le lierre, s'impose à son choix.

Doit-il répondre à une idée allégorique ou à un emblème, il recherchera tous les éléments de la plante et des accessoires qui définissent, par tradition et par habitude, cette idée.

Le sujet, pour être parfait, doit exprimer un but. Il doit s'il est nécessaire, répondre à une idée d'utilité et l'affirmer suivant la destination qui lui est imposée. Le choix de la fonction, les conditions d'existence s'imposent à l'artiste pour qu'il recherche la stabilité, l'unité dans la forme, l'équilibre, le balancement agréable et discret des formes décoratives.

LES USAGES ET LA TRADITION.

Il ne doit pas non plus s'éloigner de la tradition et des usages ; un chapiteau se place en haut d'une colonne, un cadre ne peut avoir une plus grande importance que l'objet qu'il encadre, un meuble ne peut servir qu'à l'objet de sa destination et une fenêtre doit être percée là où elle est nécessaire. Une pendule doit servir à indiquer l'heure, et un bijou, pour être vraiment artistique, ne peut avoir qu'une seule destination.

NATURE DES MATÉRIAUX.

Ce n'est pas tout, la nature des matériaux employés transforme le caractère des objets ; les procédés, la technique, le faire de l'artiste, interviennent à leur tour, et ce sont autant de conditions qui compliquent l'exécution et modifient le travail. Il en résulte une différence dans la mesure, dans les proportions, dans la finesse et la délicatesse du dessin, dans la destination même. Il faut dans une composition qui se tient et qui est en même temps une traduction parfaite du végétal employé, veiller à les remplir et à satisfaire aux règles établies par l'usage.

LE DESSIN.

Une deuxième condition vient à son tour s'interposer, non peut-être pour compliquer la recherche d'un motif ornemental, mais bien plutôt pour en aider la réalisation. C'est le dessin. Mieux que l'écriture par rapport au style il fait partie intégrante du résultat final. Il exprime mieux que les lettres et que les mots assemblés, l'idée qu'on doit attacher à une œuvre originale, car le procédé disparaît pour ne laisser que le résultat avec lequel il fait corps.

LE DESSIN FIXE L'IDÉE.

Le dessin exprime l'idée, il la dirige et la limite dans ses contours. Il lui donne un corps, elle existe, elle est formulée, elle a un sens, un équilibre, c'est le côté scientifique de l'œuvre artistique. Chaque dessinateur aura sa manière, l'un sera net et précis, l'autre mièvre et gracieux, un autre, précis et gracieux, tout à la fois, donnera en même temps qu'une impression de grâce à son dessin, une netteté, une fermeté de facture qui sont de réelles et appréciables qualités dans l'art décoratif.

Comme dans la composition, et mieux peut-être, le caractère du dessinateur, son originalité dans l'exécution, la fermeté de son crayon, dégageront du dessin cette qualité essentielle qu'est la personnalité.

Aussi doit-on retrouver dans le dessin une grande correction, une finesse et une élégance qui font le mérite personnel de l'artiste.

Le bon goût fait apprécier ces qualités, il règle les causes qui font admirer l'œuvre d'art, il aide à posséder une sensibilité, une acuité qui la font distinguer d'une mauvaise, il est une cause de plaisir qu'on ne peut comparer à nulle autre.

Le médiocre en art ne se supporte pas ; le médiocre en dessin ne permet pas à l'œuvre de vivre.

LE MÉTIER.

Le métier et le goût ne doivent pas se nuire, ils doivent aider l'un et l'autre l'artiste à se perfectionner dans l'imitation du vrai qui n'est qu'une imitation des modèles donnés par la nature.

Les formes de ces modèles sont parfaites, l'intervention de l'artiste ne doit qu'y ajouter, car l'art, dit-on, doit être au-dessus de la nature, qu'il ne fait qu'interpréter, qu'il met en évidence et en valeur.

Le dessin, dans une interprétation trop linéaire, trop précise et trop brutale, ne doit pas détruire le mouvement et la vie du végétal. Le dessin peut rendre la plante dessinée différente de la plante vraie, il peut la transformer par une échelle et des proportions agrandis qui en changent l'aspect et en accusent les formes, jamais il ne doit supprimer le mouvement.

ÉCHELLE DU DESSIN.

La traduction d'une plante à une plus grande échelle, ne modifie la forme que pour celui qui la regarde On sait en effet, c'est un moyen utilisé fréquemment par la décoration ogivale, qu'une petite plante agrandie change tout à fait d'aspect, et cependant ce n'est qu'une sensation visuelle, une sorte d'impression qui réagit contre l'habitude acquise.

LA COULEUR.

La troisième condition qui permet de réaliser une œuvre complète n'est plus qu'une impression colorée, coloration par la teinte locale, coloration par les ombres, qui donnent l'impression du relief.

Le coloris par l'accord des couleurs et des tons ramène le dessin à sa valeur.

La structure qui existe cependant toujours, semble disparaître, la tache l'emporte, le motif principal apparaît, l'unité se dégage nette et précise, ou bien douce, pâle et calme à volonté. La composition a tout prévu, la coloration n'est plus qu'un moyen. Et cependant, l'harmonie, le contraste, les oppositions, l'unité, la mise en valeur de certaines parties, tout se fait à l'aide de la couleur. C'est un puissant moyen dont l'artiste n'est pas toujours le maître.

Les ombres ne sont en sorte qu'une coloration. Une valeur colorée, s'exalte à la lumière, s'atténue jusqu'à disparaître dans l'ombre. On peut en tirer parti, donner toutes les impressions du relief, et qu'elles soient peintes, ou bien qu'elles soient le résultat du relief lui-même, elles ne causent jamais qu'une sorte d'impression colorée.

Il ne reste plus qu'une chose à examiner, c'est après avoir si longuement étudié la plante pour elle-même et pour sa traduction, de savoir quel emploi on en peut faire, et comment on l'adaptera à la forme qu'elle doit orner.

Pour peu qu'on examine les objets dont on s'environne, on s'aperçoit qu'il n'y en a pas un qui ne reçoive une ornementation même discrète. Nos vêtements avec leurs boutons, leurs cols et leurs revers, notre mobilier, les menus objets dont nous nous servons, tout reçoit une empreinte ornementale.

La destination du décor.

Il est plus rare de la voir répondre à sa destination, elle est souvent excessive et peu appropriée. Rarement elle s'ajoute à la forme pour la parer, elle lui nuit presque. C'est que trop souvent la mode s'en mêle, et par vogue fait porter tour à tour la fleur ou la plume sur les chapeaux des femmes, fait fendre en hauteur ou en largeur les vêtements des hommes, fait orner les salons blancs du même mobilier blanc, fait trouver beau ce qui est laid et fait conformer la beauté à l'idéal d'un moment.

Un objet semblable à un autre, n'est pas un objet de style. Un pur éclectisme devrait permettre à chacun de se parer à sa guise, de s'habiller à sa mode, de se meubler à sa manière, de vivre dans le milieu et parmi les objets qui lui plaisent, d'être soi en un mot, de mettre en évidence sa personnalité, de ne subir aucune influence extérieure, de vivre en soi et pour soi.

Ce n'est pas de l'exclusivisme ni de l'égoïsme. L'artiste travaillerait mieux que lorsqu'il fabrique les objets d'art à la douzaine, et il resterait quelque chose de mieux que tout ce qui subsistera du mercantilisme moderne.

La plante ne fait pas tant de manières, elle naît, vit, se pare, et meurt, ayant rempli son rôle et causé dans sa courte vie, toute la joie et le plaisir qu'elle réservait à ceux qui savent la connaître et l'apprécier.

Avant de peindre, Delacroix mettait souvent une fleur à côté de son chevalet; et il disait : « Cette fleur est mon inspiration et mon désespoir*. »

* Marius Vachon, *Pour devenir un artiste*. Paris, Charles Delagrave, 1905, in-18.

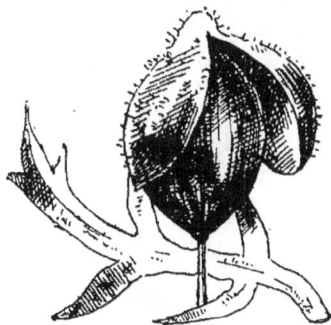

Fig. 667. — Coquelicot. — Les sépales se détachent de la fleur.

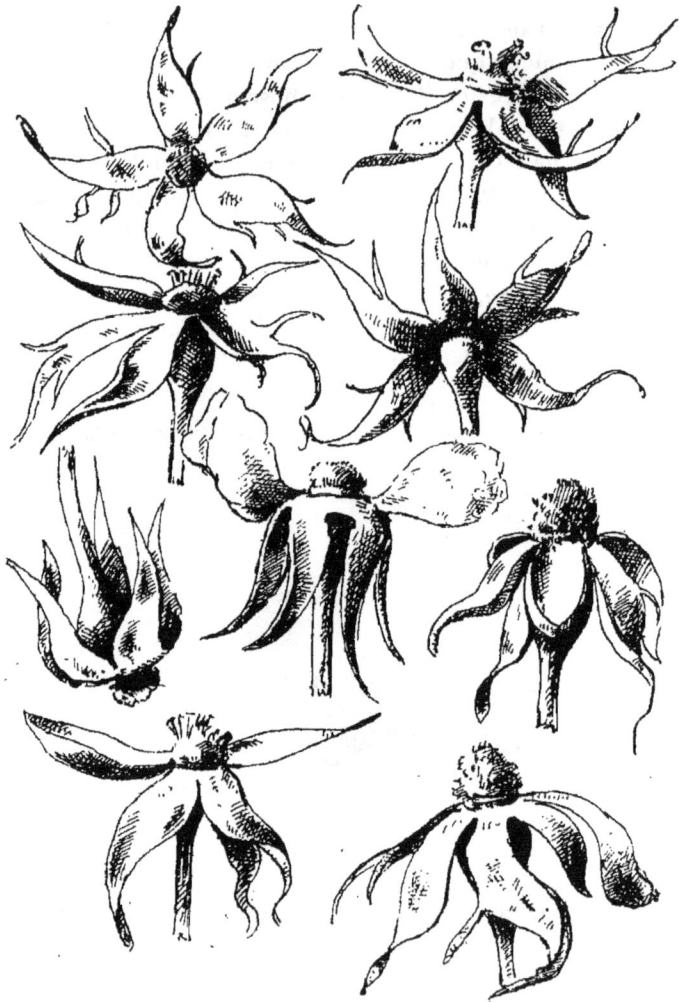

Fig. 668. — Rosier sauvage. Le calice avant sa transformation en fruit.
Les pétales se séparent du réceptacle.

FIG. 660. — Frise ornementale.

CHAPITRE XXV

L'ORNEMENTATION DANS LES STYLES

Évolution de l'ornementation. — Différentes phases.
La ligne comme élément décoratif. — L'imitation de la nature.
Analogie des différents éléments chez les différents peuples.
Apogée de l'ornementation florale. — L'art actuel.

ORIGINE DE L'ORNEMENTATION. — LA LIGNE.

L'ornementation est à ses débuts presque toujours identique à elle-même. Les peuples à leur origine utilisent
toujours les mêmes moyens et les mêmes procédés. Ils
semblent s'inspirer des mêmes éléments, leur ornementation se ressemble, le procédé est identique. Ce sont de
vrais enfants qui, à défaut d'éducation, recherchent dans
la simplicité du dessin, la représentation des formes qui

frappent leurs yeux et leur imagination. Ils en expriment
la synthèse, avec une ligne simple, dénuée de tout accessoire.

La ligne est le premier élément de tout décor. Gravée
sur les os et le bois, ciselée ou incisée sur le métal, cette
ligne est toujours uniformément disposée. Suivant les
théories philosophiques, les lignes ont une origine religieuse : le cercle représente l'idée de l'adoration des
astres, la croix représente le feu, le triangle les divinités
en trois personnes (fig. 672). Quelquefois une tendance
à l'imitation de la nature, témoin les peintures de la ca-
verne des Eyzies (Dordogne), se manifeste. Elle apparaît
dans la représentation timide et naïve d'une feuille ou
d'une fleur et quelquefois de personnages. Un ornement
préhistorique, ou une ornementation des indigènes de la
Côte-d'Ivoire se ressemblent. C'est un chevron, une frette,
des denticules, des entrelacs même qui naissent sous les
outils de ces primitifs artistes. Ces lignes se croisent bientôt et se recoupent. Elles se combinent ensuite aux lignes
courbes, une évolution artistique s'est ainsi déjà mani-
festée. Cette succession d'applications diverses de la ligne
au décor, continuera. Les arcs d'abord se dessineront sur
les objets, puis les cercles entiers garnis d'une géométrie
florale, serviront à leur tour d'éléments décoratifs.

ANALOGIE ENTRE LES DIFFÉRENTS STYLES.

On ne peut établir entre cette primitive civilisation et
l'art auvergnat ou l'art breton, un terme de comparaison :
beaucoup plus habiles qu'on ne le suppose ordinairement,
ils possèdent tous deux des moyens, des idées et des
formes que d'autres styles pourraient leur envier. On

peut constater toutefois que leur décoration par les rosaces est leur moyen préféré, elles sont divisées régulièrement, répétées, juxtaposées géométriquement. Il y a dans leur exécution sculptée, due à un tour de main habile, probablement plus d'habitude que d'art, et cependant, le simple menuisier qui s'est improvisé sculpteur, suffit à sa tâche et ne recherche pas la haute réputation d'un artiste renommé.

Pourquoi les sculptures des stalles de la cathédrale de Saint-Pol-de-Léon ressemblent-elles, jusqu'à s'y méprendre, aux sculptures de la cathédrale de Rodez, ou à celles de l'église de Villefranche-de-Rouergue. Pourquoi y a-t-il tant d'analogie entre diverses formes décoratives qui permettent de mettre en parallèle deux gourdes taillées au couteau, l'une par un paysan de la Camargue, l'autre par un nègre du Loango, identiques d'ornementation (fig. 670 et 671). Ce sont des considérations qui mériteraient d'être examinées.

Tendance géométrique.

Il est certain que le décor primitif a une tendance marquée vers la géométrie. Il semble que la copie fidèle d'un élément floral est plus difficile qu'une traduction géométrique de ce même élément. Dans la fabrication de tous les ustensiles, on retrouve presque exactement reproduites, les formes naturelles qui les ont inspirés : c'est une sorte de copie inconsciente, une imitation instinctive de la nature.

Ce sont toujours les mêmes moyens qu'on retrouve à l'origine de toutes les civilisations et à la base de tous les métiers. L'ouvrier apprend d'abord à manier l'outil, puis la perfection du travail acquise, et la pratique de l'instru-

ment lui étant connue, il recherche une plus grande délicatesse dans l'exécution de son travail, auquel il applique
bientôt le décor.

LONGUE ÉVOLUTION DE LA VÉGÉTATION ARTISTIQUE.

Pendant de longs siècles et lentement, l'évolution de la
végétation se fait. Il faut presque arriver jusqu'au moyen
âge cependant, pour la voir éclore dans tout son éclat.

Quelques civilisations, quelques peuples, pourtant comprennent l'intérêt qui s'attache à la plante ; ils en sont les
fidèles admirateurs et comme les Égyptiens et les Grecs,
ils lui rendent une sorte de culte. Quelquefois même, ils
cherchent à la traduire, et à faire dans une interprétation
grandiose, la preuve d'un idéal artistique qui ne se limite
pas seulement à la représentation humaine, tels sont les
ornements égyptiens, leur architecture (fig. 673), le chapiteau corinthien, ou les rinceaux romains. Mais bientôt
après, tout revient à la forme primitive, le décor est
encore géométrique, la ligne l'emporte sur le sentiment,
la richesse de la matière employée sur la beauté de la
forme.

De-ci de-là, dans les ivoires, dans les étoffes ou dans
l'orfèvrerie, la plante apparaît, mais petite, dissimulée,
alourdie, mal attachée et mal reproduite. L'art byzantin
est trop luxueux pour la comprendre, l'art roman trop à
ses débuts pour l'interpréter.

LA NATURE INSPIRE LES ARTISTES DU MOYEN AGE.

Quelle est donc la cause déterminante qui fait qu'après
le XIIe siècle, la plante apparaît et règne dans le décor ?
Quelle vogue, quelle raison, quelle grande idée fait

FIG. 670 à 674. — 1. Poire à poudre de la Camargue. — 2. Gourde taillée au couteau du Loango. — 3. Ornements préhistoriques, astres, feu, trinités. — 5. Floraison architecturale ogivale. — 6. Floraison architecturale égyptienne.

qu'elle devient l'élément décoratif indispensable, unique
pour ainsi dire, et dont il ne sera plus possible de se
priver? A qui doit-on attribuer le mérite de cette rénovation d'art? Quel est le sentiment qui a dominé les premiers
initiateurs de l'art ogival, clercs ou laïques? A quel sentiment ont-ils répondu? Nul n'en connaîtra jamais la
raison!

Les clercs étaient des enfants du peuple; les laïques ont
une semblable origine; ils sont tous animés du même
sentiment, du même besoin d'idéal. Si l'on se reporte par
la pensée en plein moyen âge, on voit cet ouvrier, sac au
dos, faisant son éternel tour de France, s'arrêtant sur un
point, se fixant et multipliant sur toutes les faces des
églises, au dehors comme au dedans, des œuvres tour à
tour simples et délicates, fortes ou gracieuses, grandes,
majestueuses et puissantes, toujours étudiées d'après la
nature, dont elles sont la sincère et exacte reproduction.

De cette profusion devrait naître la confusion, et il
n'en résulte qu'une admirable unité au contraire. Ces
artistes étaient-ils les élèves d'une même école, ou étaient-
ils indépendants? Il semble qu'ils doivent à la tradition la
belle technique dont ils sont les maîtres, mais qu'ils sont
redevables à la nature des belles formes qu'ils ont reproduites.

LA VÉGÉTATION DANS L'ART AU MOYEN AGE.

On les voit, ces bons *ymaigiers*, le jour où ils ne fai-
saient pas d'images, se promener et se baisser pour
ramasser l'humble fleurette, dont ils devaient bientôt
faire, en l'agrandissant, un opulent décor. Ils devenaient
les *choutiers*, sculpteurs de ces admirables frises qui nous

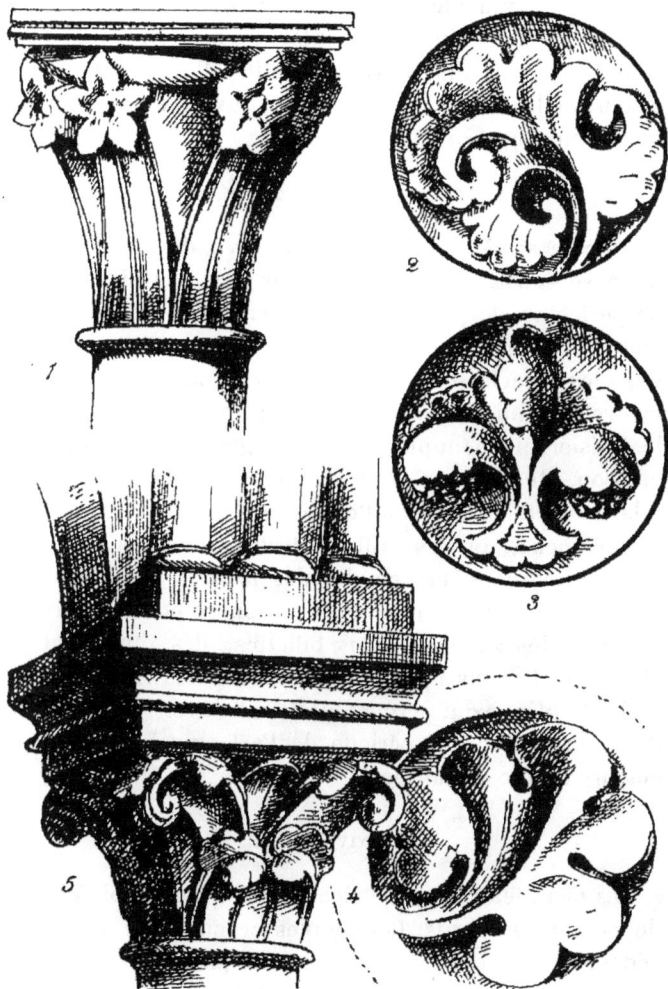

FIG. 675 à 679. — 1. Chapiteau XIIIᵉ siècle, église Saint-Evroult (Orne). Rosaces ornées, XIVᵉ siècle, de l'église de Sées (Orne). — 2. Chicorée. — 3. Berle. — 4. Chou. — 5. Chapiteau XIIIᵉ siècle à crossettes de fougère.

désignent comme les initiateurs de la sculpture moderne.

Cette période du xiiie, xive et xve siècle est une admirable époque. Il n'y a pas un petit village qui ne puisse s'enorgueillir d'un monument recouvert d'une floraison artistique (fig. 675 à 679).

LE XIIIe SIÈCLE.

Au xiiie siècle, l'ornementation tirée de la Flore indigène se substitue aux feuilles grasses massives ornées de perles ou de palmettes, aux ornements lourds et géométriques. On emploie dans les chapiteaux, dans les frises, dans les pinacles et dans les crochets, dans les parties en bas-relief ou dans les parties saillantes, le chêne, la vigne, le fraisier, le nénuphar, l'iris, le glaïeul, la fougère, le cresson, etc., les trèfles et les quatre feuilles, les fleurons à larges pétales. Les feuilles disposées en bordure sur les entablements, ou les tailloirs transforment la physionomie des édifices, et l'emploi des plantes indigènes pour leur décoration est une grande ressource pour ces artistes fatigués des zigs-zags, des billettes, des étoiles et des chevrons. Parfois apparaissent encore des réminiscences de l'art antique qui permettent de retrouver fréquemment, dans cette première période de l'art ogival, la vieille et célèbre feuille d'acanthe.

LE XIVe SIÈCLE.

Les chapiteaux du xive siècle sont quelquefois chargés de peu d'ornements. Les simples crochets du siècle précédent utilisent bientôt des formes plus recherchées et plus délicates que celles du xiiie siècle.

Les roses aux rayons ramifiés, ornent les balustrades

de quatre feuilles encadrées, de trèfles et de rosaces.
Les feuillages et les fleurs sont à peu près les mêmes que
dans le xiii°, mais une facilité d'exécution, une accentua-
tion moins marquée des galbes, des formes moins vigou-
reusement formulées, établissent une différence avec
l'ancienne manière. Les formes s'arrondissent et s'enveloppent, elles seront bientôt remplacées, au xv° siècle,
par des formes aiguës et lancéolées qui deviendront si
communes et si répandues.

LE XV° SIÈCLE.

Le xv° siècle n'a plus seulement comme signe distinctif,
la grandeur et l'élévation, ni la magnificence des masses.
Il recherche en outre la finesse d'exécution des détails, la
profusion et l'élégance des décorations. Les lignes moins
naïves et plus tourmentées semblent avoir la subtilité du
détail. Les chardons, les choux frisés, la chicorée, le houx
s'accumulent sur les voussures, sur les flèches et les
pignons, partout où les artistes peuvent les faire pénétrer.
De l'abus même de leur ornementation les édifices reçoivent un éclat éblouissant de couleur ornementale, qui leur
imprime un cachet propre à les faire reconnaître et à les
distinguer facilement des autres périodes ornementales.

APOGÉE ET DÉCLIN.

Malgré tout, le xv° siècle est l'époque la plus éclatante
de l'ornementation florale. Jamais le décor ne s'est aussi
bien assimilé la plante, faite pour répondre et pour
satisfaire à toutes les conditions. Cet art était à son
apogée, il devait bientôt aller vers le déclin.

La rénovation artistique est due à l'intervention des artistes que les guerres d'Italie avaient amenés en France. On se demande si cette intervention a été profitable ou nuisible à l'art français.

Les vieilles traditions disparaissaient, il fallait chercher d'autres formes, appliquer d'autres procédés architecturaux. Cette renaissance de l'art antique n'avait eu au début que l'intention de réveiller les vieux souvenirs et de relever les formes classiques. Mais les peuples avaient bu à une autre source, celle de la nature, et malgré le désir de faire du nouveau, il devenait impossible d'abandonner les vieilles habitudes et de s'en détacher entièrement.

C'est pourquoi les sculpteurs français de la Renaissance restent ce qu'ils étaient. Ils ne font plus de l'art ogival, mais ils ne font pas de l'art italien. Ils acceptent les lignes nouvelles, ils ne veulent pas copier sans comprendre, des motifs d'ornement insuffisamment inspirés de la nature. Aussi remarque-t-on comme à Chambord, que les sculptures des chapiteaux sont d'une main française, que Michel Colombe, à Nantes, reste dans la manière française, et, que les portes de Saint-Maclou de Rouen qui sont, dit-on, de Jean Goujon, sont d'un artiste bien français lui aussi.

ART CONTEMPORAIN.

La plante ne brille plus autant, elle apparaît peu dans les styles qui vont suivre. Trop d'accessoires l'emportent sur elle, on ne la comprend plus comme autrefois, quelques feuilles, quelques fruits, des guirlandes ou des corbeilles, copie trop fidèle et trop minutieuse de la nature, remplacent tout. De cette belle, forte et puissante interprétation des éléments floraux, il ne reste que les formes gracieuses et élégantes des styles Louis XV et Louis XVI.

Ce n'est qu'à la fin du xixᵉ siècle, de nos jours, qu'un retour vers la plante se fait sentir. Dans une manifestation de cette sorte, intense comme celle de l'art contemporain, l'artiste est souvent entraîné à dépasser la mesure, mais il en a été de tous temps ainsi. Tout naturellement les œuvres inférieures disparaissent. Il suffit de quelques œuvres intéressantes qui ont trouvé grâce, par leur beauté et leur charme, devant les destructeurs, pour marquer une époque et fixer un style.

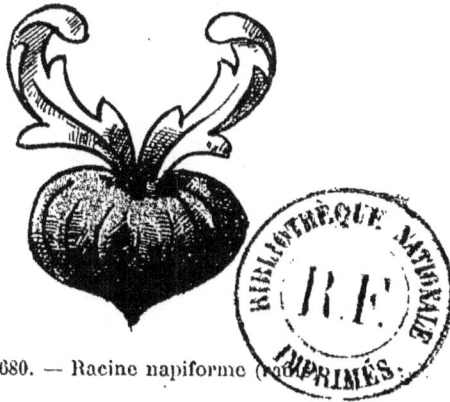

FIG. 680. — Racine napiforme (

Fig. 681. — Différents verticilles de la fleur.
Le pistil.

Fig. 682. — Motif ornemental.

LISTE DES FAMILLES

GENRES, ESPÈCES ET ORGANES MENTIONNÉS

MOTS TECHNIQUES UTILISÉS. DESSINS ET CROQUIS.

Les chiffres en caractère romain (21) indiquent les numéros des pages,
ceux en égyptienne (24) la pagination des dessins.

A

	Pages.
Acacia. 56, **80, 81, 115**, 120,	**122**
Acajou	**142**
Acanthe. 71,	121
Acaule (tige)	42
Aconit.	**118**
Achillée millefeuilles . . .	56
Acotylédone.	154
Akène.	148
Algues. 98,	**242**
Althea.	**209**
Amaranthe	**187**
Ananas	145
Ancolie. 100, **218**,	**253**
Androcée. 95, 96,	125
Androphore	130
Anémone. 222,	224
Anguleuses	72
Anthère.	125
Arabe 23,	54
Arbre des forêts . . 49, **52**,	61
Artichaut	121
Arum	**140**
Asperge 56,	**146**

B

	Pages.
Aubépine	**73**
Avoine	45
Bananier	69
Baie.	**146**
Bégonia.	121
Belladone	**257**
Berle	**235**
Betterave	131
Bois. 40,	**52**
Bordure.	177
Botanique.	17
Bouillon blanc. . . . **231**,	254
Bourgeons . . . 55, 55, **57**,	58
Bourrache **115**,	**128**
Bourse à pasteur	**146**
Bouton d'or.	**115**
Bouture.	99
Blé 45, 67,	**155**
Bluet. **79, 116, 175, 183**, 186,	**253**
Bractées	111
Bryone. 73, 76, **90**,	91

	Pages.
Bulbes	55
Bulbilles	55
Brunonia	116
Bruyère	121

C

Calice	101
Calicea	116
Caille-lait	121
Canna	83
Carotte	199
Caulinaires	72
Campanule	116, 121
Capitule	107
Capsule	150
Capucine	115
Carcérule	146, 149
Carpelles	95, 101
Caryopse	148
Céleri	69, 74, 78
Cellules	31, 52
Centaurée	86
Centhrante	116
Cerisier	120, 271
Champignon	35
Chardon	43, 86, 121, 224
Châtaignier	70
Chaton	105, 106
Chaume	43, 45
Chêne	78, 221
Chèvrefeuille	116, 247
Chélidoine	223
Chicorée	25, 193, 266
Chou	118
Chrysanthème	116, 277
Cime scorpioïde	54
Circée	119
Clématite	70, 76, 86
Cône	105, 151
Connectif	130
Collet vital	56
Coprosma	168
Coquelicot	79
Cordia	116
Corolle	96, 101
Corymbe	107

	Pages.
Cotylédons	152
Consoude	68
Coucou	311
Coulants	90
Courbes de sentiment	43, 50
Crampons	45, 91
Cresson	118
Crucifères	114
Cryptogame	158
Cumin	57

D

Daphné	115
Damasquiné	42, 34
Dauphinelle	122
Dent de lion	43
Décurrente	67
Déhiscence	130, 144
Digitale	126
Diclytra	220
Dicotylédone	47, 96, 154
Disque	135
Dompte-venin	204
Drupe	148

E

Ébénier (faux)	178
Églantine	239, 292
Élatérie	150
Ellébore	115, 118, 142, 146
Elliptique	70
Embryon	153
Endocarpe	141
Enveloppe	95
Enroulement	54
Épi	105
Épicarpe	141
Épiderme	34
Épineuse	73
Épine-vinette	130, 133
Épœcus	116
Érable	47, 55, 58, 274
Euphorbe	70
Étamines	95, 101

F

Pages.

Faisceaux 47
Fève. 120
Feuilles : Acaules (orbi-
culaires); alternes (lancé-
olées); opposées (has-
tées) : verticillées (ellipti-
ques); simples (ovales);
composées (anguleuses);
pétiolées, sessiles. 65 à 87
Flore. 165, 274
Flouve odorante 106
Folioles 90
Follicule. 148
Follifères. 56
Fovilla 131
Fougères 24, 47, 56
Fraisier (stolon). 253
Fruits . . . . 137 à 155

G

Gaillet 8, 116
Garance 116
Gallium 84
Gemmule 154
Gentiane 121
Géranium 57, 69
Genévrier 77
Giroflée . . . 119, 118, 122
Gland 149
Goodénia 116
Gousse 146, 148
Graminées 127
Grappes 108
Graines 22
Grateron 311
Grenadier 147
Griffes 91
Gui 178, 120
Gynécée . . . 95, 96, 101, 125

H

Haricot 120, 155, 194
Hastée 72
Hélianthe 116

Hélicoïdale . . . .
Herbacées. 45
Herbes 46
Herbier 202
Hespéridie 150
Houblon 69, 279
Hypocratériforme 121

I

Immortelle 44, 45
Inflorescence (définie, in-
définie) 105, 105, 106
Infundibuliforme 121
Involucre 111
Involucelle 111
Insertion des étamines . . 135
(hypogyne, pérygyne, épi-
gyne).

J

Jacinthe 58, 115
Jasmin 113, 121
Jalap 121

L

Labiée 121, 122
Laitue 67, 84
Lancéolées 70
Laurier . . . 84, 128, 211, 241
Lichens 35, 98
Lierre 63, 276
Lierre terrestre 72
Lilas 57, 84, 87, 121
Linaire 124
Limbe 67
Lis . . 58, 68, 113, 112, 276, 277
Lis jaune 53
Liseron 121, 124
Lobélia 146, 124
Lobes 75
Lupin blanc 128

M

Mâche 86, 88, 89
Magnolia 181, 182
Marguerites. 251, 252

Pages.

Marines (plantes) 48
Marronnier.. 62, 63. 80, 81, 157
Mauve 29, 163, 229
Mélèze 240
Mélisse 124
Mélonide. 150
Mésocarpe. 141
Millepertuis 128
Mimosa 43, 44
Monodora 95
Monocotylédone. 154
Mousse 98
Morelle 146, 275
Morelle tuberosum . 127,
129, 253
Muflier 123
Muguet 246
Mucroné. 73
Myosotis. 279
Myrtille. 128, 143

N

Narcisse 280
Navet 79
Nénuphar 94
Nervation 68
Nervures 67, 69
Noisetier 63, 159
Noix de Galles 221
Nuculaine. 150
Nutrition 25

O

OEillet. . . . 115, 117, 120, 269
Oignon 58, 59
Ombelle. 107, 108
Ombellifères 142
Oranger 117, 203, 243
245, 280
Orbiculaire 72
Organographie 32
Orge. 45, 67
Orme 70, 83
Orpin 68

Pages.

Ortie. 71, 78
Ovaires (globuleux, ovoï-
de, allongé, libre) 152
Ovules 152, 152

P

Palmier 60
Panais. 79
Panicule. 107
Panicant violet 86, 89
Papillonacées 120
Parenchyme. 118
Paysages 7, 19, 184
Pas-d'âne 74
Passiflore. . . . 25, 90, 91, 127
Patience. 67, 284
Pavot. 194, 204
Pédalé. 76
Pêcher 70, 226
Pédoncule 95, 97, 102
Pélargonium. 120
Pennifide 76
Péponide 150
Perfolié. 66
Périanthe 113
Péricarpe 145
Persicaire 90
Persil. 310
Pétales 96
Pétaloïdes. 117
Pétiole 65
Peuplier 20, 49, 57
Pied-d'alouette 115
Pin 52
Pissenlit . . . 78, 167, 194, 262
Pivoine . . 58, 60, 80, 132, 270
Pivot 39
Platane 65, 82, 83, 197
Plantain. 87
Plateau 59
Pochoir 184
Pois. 120, 139, 142, 199
Pois de senteur. 90
Poirier 50, 57, 76, 141
Pollen 95, 125, 150
Polycarpe. 49

Pages.

Polygola. 77
Pommier. 120, 141, 279
Pomme de terre. 253
Préfloraison 105, 111
Primevère. 238
Pyrètre 212, 227, 262
Pyrhus du Japon 312
Pyxide. 142, 148, 149

Q

Quinquina. 116

R

Rachis . . . . ""
Racines 56, 37, 38, 39
Racines radicales. 72
Radis 37
Radicule. 154
Raiponce 121
Ramage. 185
Ramifications. 42
Rayonnants 51
Réceptacle. . 102, 105, 111, 117
Réniforme. 72
Renoncule. 122
Rhizome. 41
Rhubarbe. 112
Rinceaux 50, 174
Roseau . . . . ""
Romarin. 121
Ronce. 120
Rosier. 81, 88, 90, 115, 120, 157, 276, 280
Rosace 120
Rumex. 72

S

Sagitté 75
Sainfoin 142, 144
Salvia 47, 115, 72. 79
Samaridie. 149
Sauge. 121
Samare 145, 146, 148
Sapin 52

Pages.

Sapindacée 47
Saponaire . . 64, 69. 72, 73
Sarcocarpe 151
Sarmenteux. 45
Saule. 90, 106, 116
Scabieuse 106, 279
Scalariforme . . . 33. 54
Sceau de Salomon . . 215, 214
Scorpioïde 109
Scion. 56
Seigle. 45
Sénéçon. . . . 27, 67, 86, 246
Sépales. 112, 114
Seringa 179
Sessile 65
Silène . . . 85, 106, 115, 117
Silique. 142, 146, 150
Sinué 75
Solanée 126
Sorose 151
Souci 122
Souche ovoïde 56
— globuleuse. 56
— napiforme. 56
Spadice. 105
Spatulé 70, 72
Spirale 75, 76
Stellaire . . . 114, 113, 115
Stigmate 132. 135
Stipe 45
Stipules 88, 90
Stolons. . . 45, 46, 55, 65, 90
Stomates 35, 34
Style 154
Stylidie. 122, 124
Suçoirs 91
Sureau 116, 122
Sutures 144
Synanthérées . . 107, 121, 131
Sycone 151
Symphorine . . 28, 84, 87, 267

T

Tabac. 121
Tigelles. 154

	Pages.
Tiges	36
— acaule	42
— filiforme	44
— volubile	42
— fibreuse	43
— charnue	43
Tilleul	87, **146**
Tissus	30, **31, 32,** 33
Thyrse	107
Torus	112
Traçante (racine)	46
Trèfle	77, 277
Tronc	43
Trophosperme	132, 144
Tubéreuse	30
Tubercule	36
Tulipe	137, **138**
Turions	56

U

	Pages.
Urcéolé	121
Utricules	31, 32, **152**
Utrecht	41, 38

V

Vases	4, 21, **163**
Verticilles	51, 87, 100
Vesce	73, 75, **146**
Vigne	90, 91, 92, 277, 279
Violette	120, 122, 225
Volubilis	283

Y

Yeux	36

Fig. 683. — Persil.

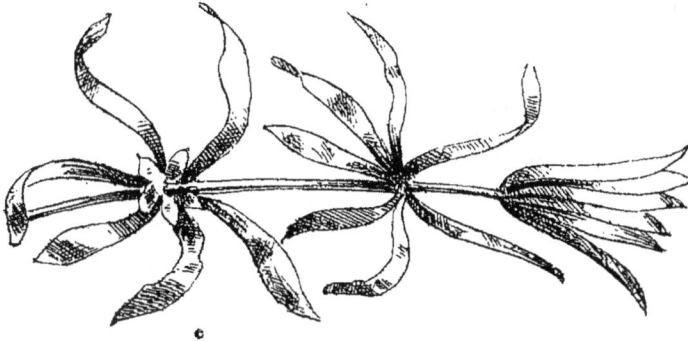

Fig. 684. — Grateron.

TABLE DES MATIÈRES

Sommaire analytique 7
Emploi des éléments floraux 15

PREMIÈRE PARTIE.

L'ORNEMENT ET LA VÉGÉTATION.

    I. — L'ornement et ses origines 19
   II. — La plante, son étude scientifique 20
  III. — Nutrition de la plante 35
  IV. — Ramifications 43
   V. — Bourgeons 55
  VI. — La feuille 65
 VII. — La tige et les feuilles 88
VIII. — La fleur. Reproduction de la plante 95
  IX. — Inflorescences 105
   X. — Enveloppes florales 113
  XI. — Organes de la fécondation 125
 XII. — Le fruit 137
XIII. — Reproduction de la plante 153

SECONDE PARTIE

THÉORIE DÉCORATIVE ET APPLICATION INDUSTRIELLE.

 XIV. — Le décor 163
  XV. — La Nature et la Géométrie 169
 XVI. — Le Décor appliqué 177

XVII. — Règles de la composition 195
XVIII. — La Symétrie 205
XIX. — Le Rayonnement 211
XX. — La Répétition et l'Alternance. 224
XXI. — Contraste et Coloration 235
XXII. — La matière employée. 249
XXIV. — Le Style 285
XXV. — L'ornementation dans les styles. 295

Liste des familles, genres, espèces et organes mentionnés.
— Mots techniques utilisés. — Dessins et croquis. 305

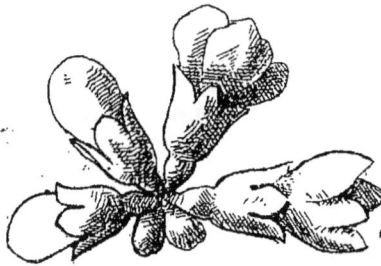

Fig. 685. — Pyrhus du Japon.

CE VOLUME A ÉTÉ ACHEVÉ D'IMPRIMER
EN LA MAISON LAHURE (IMPRIMERIE GÉNÉRALE DE PARIS)
LE XXIX° JOUR DE FÉVRIER
DE L'ANNÉE MDCDIV

Le
Truquage

PAR

PAUL EUDEL

ALTÉRATIONS, FRAUDES

et

CONTREFAÇONS DÉVOILÉES

Un beau volume in-12 carré. . . . Prix : **6 francs**,

**Antiquités Égyptiennes. — Poteries antiques et Mexicaines
Verreries. — Monnaies et Médailles. — Orfèvrerie
Tableaux anciens. — Tableaux modernes
Estampes et Dessins
Émaux. — Terres cuites. — Faïences
Porcelaines de Sèvres, de Saxe, de Chelsea, de Bristol, etc., etc.
Porcelaines de Chine et du Japon
Livres et Reliures. — Autographes
Meubles. — Bronzes. — Tapisseries. — Étoffes. — Ivoires
Armes et Armures. — Instruments de musique
Statues et Statuettes. — La Céroplastique
La Ferronnerie. — Les Étains et les Plombs
Conseils aux Collectionneurs**

L'art de raccommoder les porcelaines, de patiner les bronzes, de restaurer les antiquités, de les pasticher, a fait des progrès inouïs. C'est aux connaisseurs à ne s'y point laisser prendre. Le gâchis dans le bibelot est au comble. Il y a maintenant des fabricants d'antiquités dans toutes les parties du monde.

Il y a aussi des contrefacteurs qui n'opèrent plus que sur de vieux panneaux, de vieilles toiles et de vieux papiers, fabriquant des tableaux, des dessins et des gravures. Les surmoulages se sont tellement perfectionnés que les chenets, les appliques, les lustres, les pendules, en bronze soi-disant ciselé, ont enrichi nombre de falsificateurs. Aussi la vieille céramique, la vieille émaillerie, la vieille orfèvrerie, la vieille joaillerie, tous les objets d'art, de curiosité et d'ameublement, dont l'authenticité est indiscutable, ont-ils augmenté de valeur dans une grande proportion depuis que le *truquage* (cette lèpre qui entache les musées et les collections particulières) a été signalé, divulgué et stigmatisé par M. Paul Eudel.

Transformations Progressives
des STYLES
de l'Antiquité au XIXe Siècle
ENSEIGNÉES PAR L'IMAGE

Chaque Ouvrage, forme un volume in-4 (24×30), relié en toile, avec titre rouge et noir . . . . **Vingt-six francs**

LA FERRONNERIE (XIIe au XIXe Siècle)
Cent trente Reproductions documentaires
Pentures, Grilles, Clôtures, Rampes, Balcons, Porte-Enseignes, etc.

LA DENTELLE (XVIe et XVIIe Siècles)
Cinq cents Reproductions documentaires
(Allemagne, France, Italie).

LE MOBILIER (Antiquité au XIXe Siècle)
Mille Reproductions documentaires
Armoires, Bahuts, Cabinets, Cadres, Coffres, Commodes, Consoles,
Crédences, Sièges, Tables, etc.

LE LUMINAIRE (Antiquité au XIXe Siècle)
Sept cents Reproductions documentaires
Lampes, Bougeoirs, Lustres, Appliques, Bras de Lumières, Lanternes.

LA SERRURERIE (XIIe au XIXe Siècle)
Huit cents Reproductions documentaires
Cadenas, Clefs, Entrées, Heurtoirs, Poignées, Moraillons,
Serrures, Verrous, Vertevelles, etc.

LA BRODERIE (Antiquité au XIXe Siècle)
Six cents Reproductions documentaires
Bouillon, Brocart, Chaînette, Chenille, Damas, Eguipé, Orfroi,
Passé, Plumetis, Tricois, etc.

LES CHEMINÉES (Antiquité au XIXe Siècle)
Huit cents Reproductions documentaires
Brasiers, Chauffoirs, Cheminées, Chenets, Fourneaux, Landiers,
Pelles, Pincettes, Poêles, Plaques d'âtre, Souches,
Soufflets, Réchauds, Thermes, etc.

LES PLAFONDS (Antiquité au XIXe Siècle)
Six cents Reproductions documentaires
Caissons, Claveaux, Clefs de construction, Coupoles, Dômes,
Plafonds, Voûtes peintes ou sculptées, etc.

www.ingramcontent.com/pod-product-compliance
Lightning Source LLC
Chambersburg PA
CBHW060416200326
41518CB00009B/1373